全国专业技术人员新职业培训教程

大数据工程技术人员 中级

大数据管理

人力资源社会保障部专业技术人员管理司　组织编写

中国人事出版社

图书在版编目（CIP）数据

大数据工程技术人员．中级：大数据管理 / 人力资源社会保障部专业技术人员管理司组织编写．-- 北京：中国人事出版社，2024

全国专业技术人员新职业培训教程

ISBN 978-7-5129-1948-8

Ⅰ．①大… Ⅱ．①人… Ⅲ．①数据处理 - 职业培训 - 教材 Ⅳ．①TP274

中国国家版本馆 CIP 数据核字（2024）第 066100 号

中国人事出版社出版发行

（北京市惠新东街 1 号 邮政编码：100029）

*

三河市潮河印业有限公司印刷装订 新华书店经销

787 毫米 ×1092 毫米 16 开本 17.25 印张 257 千字

2024 年 9 月第 1 版 2024 年 9 月第 1 次印刷

定价：46.00 元

营销中心电话：400-606-6496

出版社网址：http://www.class.com.cn

本书编委会

指导委员会

编审委员会

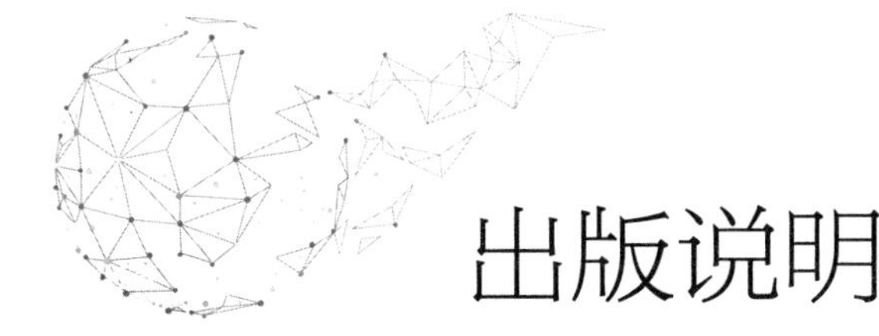

出版说明

当今世界正经历百年未有之大变局，我国正处于实现中华民族伟大复兴关键时期。在全球经济低迷，我国加快形成以国内大循环为主体、国内国际双循环相互促进的新发展格局背景下，数字经济发挥着提振经济的重要作用。党的十九届五中全会提出，要发展战略性新兴产业，推动互联网、大数据、人工智能等同各产业深度融合，推动先进制造业集群发展，构建一批各具特色、优势互补、结构合理的战略性新兴产业增长引擎。党的二十大提出，加快发展数字经济，促进数字经济和实体经济深度融合，打造具有国际竞争力的数字产业集群。“十四五”期间，数字经济将继续快速发展、全面发力，成为我国推动高质量发展的核心动力。

近年来，人工智能、物联网、大数据、云计算、数字化管理、智能制造、工业互联网、虚拟现实、区块链、集成电路等数字技术领域新职业不断涌现，这些新职业从业人员通过不断学习与探索，将推动科技创新、释放巨大能量，推动人们生产生活方式智能化、智慧化、数字化，推动传统产业转型升级，为经济高质量发展注入强劲活力。我国在技术、消费与应用领域具备数字经济创新领先优势，但还存在数字技术人才供给缺口较大、关键核心技术领域自主创新能力不足、数字经济与实体经济融合的深度和广度不够等问题。发展数字经济，推进数字产业化和产业数字化，推动数字经济和实体经济深度融合，急需培育壮大数字技术工程师队伍。

人力资源社会保障部会同有关行业主管部门陆续制定颁布数字技术领域国家职业标准，坚持以职业活动为导向、以专业能力为核心，遵循人才成长规律，对从业人员的理论知识和专业能力提出综合性引导性培养标准，为加快培育数字技术人才提供基本依据。根据《人力资源社会保障部办公厅关于加强新职业培训工作的通知》（人社厅发〔2021〕28号）要求，为提高新职业培训的针对性、有效性，进一步发挥新职业培训促进更好就业的作用，人力资源社会保障部专业技术人员管理司组织相关领域的专家学者编写了全国专业技术人员新职业培训教程，供相关领域开展新职业培训使用。

本系列教程依据相应国家职业标准和培训大纲编写，划分初级、中级、高级三个等级，有的职业划分若干职业方向。教程紧贴数字技术人员职业活动特点，定位于全国平均水平，且是相关数字技术人员经过继续教育或岗位实践能够达到的水平，突出该职业领域的核心理论知识、主流技术及未来发展要求，为教学活动和培训考核提供规范和引导，将帮助广大有意或正在从事数字技术职业的人员改善知识结构、掌握数字技术、提升创新能力。

希望本系列教程的出版，能够在加强数字技术人才队伍建设、推动数字经济快速发展中发挥支持作用。

目　录

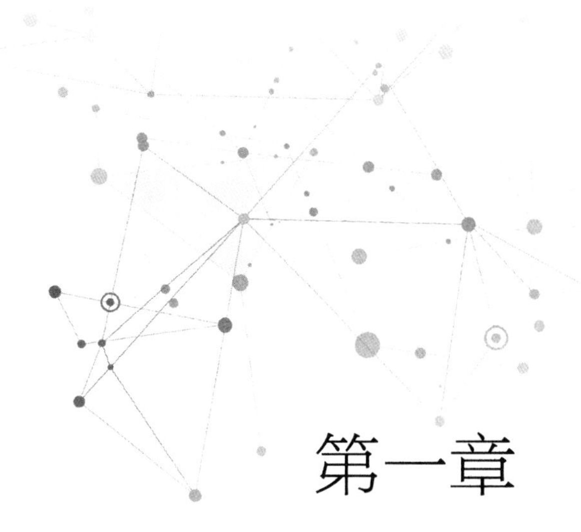

第一章 大数据平台管理与运维

随着互联网和物联网技术的发展，数据的规模在以惊人的速度扩大，这些数据集合具有规模巨大、类型繁多、处理速度快、价值密度低，并且超出了传统数据处理工具的处理能力的特点。因此，建立大数据平台管理、存储、处理、分析和运营这些海量数据，利用大数据平台统一管理、集中存储大数据资源；满足海量数据对高性能计算能力和大容量存储能力的需求；具有数据采集、数据计算、数据存储、数据分析和数据可视化等大量开放能力，确保各系统之间数据的互联互通和共享，为数据的全链条透明化、运营决策的高度智能化提供依据，变得至关重要。数据已经成为组织中最重要的资产之一，建立大数据平台具有重要意义。

本章将介绍大数据管理中的平台管理、系统运维和安全维护等相关知识技能，主要介绍目前最主流的数据中心管理和处理工具 CDH（Cloudera’s distribution including Apache Hadoop）的升级、资源监控、权限管理、安全补丁和异常处理等知识技能。

- **职业功能：** 大数据平台管理与运维
- **工作内容：** 平台管理；系统运维；安全维护
- **专业能力要求：** 能对现有大数据集群的各类组件进行应用变更或版本更迭；能根据上线计划，按时完成功能上线；能对提交代码的版本进行管理；能使用工具对集群的软硬件运行状态进行监控管理；能使用工具对大数据集群的各类组件、服务的运行状态进行监控管理；能使用工具对作业运行情况和资源占用情况进行监控管理；能根据故障报告，参与故障排查，处理故障问题；能根据容灾计划，定期备份和迁移关键数据；能根据权限规范，使用工具配置和管理用户权限；能针对各类突发的外部攻击或异常事件进行应急处理；能对安全系统进行升级和维护

- **相关知识要求：**应用变更管理知识；代码仓库托管知识；功能持续集成知识；代码版本控制知识；管理平台操作知识；系统环境监控知识；常见故障排查知识；容灾备份知识；权限管理知识；常见异常处理知识；网络攻防知识

第一节　平台管理

大数据平台管理旨在有效管理和运营大规模数据处理系统，在大数据分布式文件系统中，Cloudera 提供了一个可伸缩的、稳定的、综合的企业级大数据管理平台，提供强大的部署、管理和监控工具。Cloudera 提供的大数据组件自动部署和监控管理工具 Cloudera Manager（简称 CM）提供了便捷的 Apache Hadoop 服务的部署，简化了需要手动编辑配置文件、下载依赖包、协调版本兼容等过程。Cloudera Manager 以 GUI（graphical user interface，图形化用户界面）的方式管理 Cloudera Hadoop 集群，并提供向导式的安装步骤。

本节首先介绍 CDH 和 CM 的升级和备份步骤及方法，然后介绍功能上线计划和组件权限管理，最后以 CDH 工具升级的过程为案例进行详细解读。

一、平台管理组件升级及功能迁移方案

（一）组件与工具升级概述

升级 Cloudera Manager 时，可以使用基于 RPM（redhat package manager，redhat 包管理器）的软件包命令升级 Cloudera Manager 服务器主机上的软件，利用 Cloudera Manager 管理升级，其余的托管也由主机上的 Cloudera Manager 代理完成。升级 Cloudera Manager 时，Cloudera Navigator（数据管理工具）也会升级。

CDH 升级时，如果是跨集群使用的 Cloudera Manager，可用 Cloudera 软件包升级 CDH 工具，也可以使用基于 RPM 的软件包命令，在所有集群主机上手动安装后，由

Cloudera Manager 完成服务升级。需要注意 CM 和 CDH 版本兼容性问题，一般要求 CM 的版本号要高于 CDH 的版本号。

升级之前需要提前计划足够的维护窗口，包括要升级的组件、集群中的主机数量和硬件类型，升级集群可能需要一整天或更多的时间。

（二）组件与工具备份步骤及方法

1. 备份监控管理工具与服务

建议在升级 Cloudera 前执行 Cloudera Manager 步骤，如果需要，可以回滚 Cloudera Manager。

（1）收集用于备份的 Cloudera Manager 的信息

1）登录到 Cloudera Manager Server 主机。

2）通过运行命令收集数据库信息。

3）收集以下工具中的数据库信息（主机名、端口号、数据库名、用户名和密码等）：Reports 管理器、Navigator Audit 服务器、Navigator Metadata 服务器、Activity 监视器。可以使用 Cloudera Manager Admin Console 查找数据库信息，具体方法是，选择菜单 Clusters > Cloudera Management Service > Configuration，然后选择数据库类别，收集数据库相关信息。

4）找到运行服务监视器、主机监视器和事件服务器角色的主机。选择菜单 Clusters > Cloudera Manager Management Service > Instances，然后记录有哪些主机正在运行这些角色。

（2）备份 Cloudera Manager Agents。在所有主机上备份以下 Cloudera Manager Agents 文件步骤。

1）创建顶级备份目录。

2）备份代理目录和运行时状态。

3）备份现有的存储库目录。

（3）备份 Cloudera Manager 服务步骤

1）在配置运行服务监视器角色的主机上，备份 cloudera-service-monitor 目录。

2）在配置 Host Monitor 角色的主机上，备份 cloudera-host-monitor 目录。

3）在配置运行事件服务器角色的主机上，备份 cloudera-scm-eventserver 目录。

（4）停止 Cloudera Manager Server 和 Cloudera Manager Service

1）停止 Cloudera 管理服务。登录到 Cloudera Manager 管理控制台，选择“集群”，再选择“Cloudera 管理服务”，再选择“操作”，最后选择“停止”。

2）登录到 Cloudera Manager Server 主机。

3）停止 Cloudera Manager Server。

（5）备份 Cloudera Manager 数据库

1）备份 Cloudera Manager 服务器数据。当重新启动进程时，数据库中保存的信息将被重新部署到每个服务的配置中。如果此信息不可用，集群将无法启动或正常运行。因此，建议对 Cloudera Manager 的一些服务器数据进行备份（也可定期备份），以便在此数据库丢失时恢复集群使用。需要备份的服务器包括 Cloudera Manager 服务器、Oozie 服务器、Sqoop 服务器、活动监视器、报告管理器、Hive Metastore 服务器、Hue 服务器、Sentry 服务器、Cloudera Navigator 审计服务器以及 Cloudera Navigator Metadata 服务器。

2）备份 PostgreSQL 数据库的步骤及方法。备份 PostgreSQL 数据库时，无论数据库是嵌入的还是外部的，备份的步骤及过程基本一致。首先，登录安装 Cloudera Manager 服务器的主机；其次，从“/etc/cloudera-scm-server/db.properties”位置获取 Cloudera Manager 数据库的名称、用户和密码属性；最后，以 root 身份备份数据库。

3）备份 MariaDB 数据库的方法。以 root 用户身份在本地主机和远程主机上进行备份。

4）备份 MySQL 数据库的方法。以 root 用户身份在本地主机和远程主机上进行备份。

5）备份 Oracle 数据库的方法。以 root 用户身份对 Oracle 数据库进行备份。

6）备份所有其他 Cloudera Manager 数据库的方法。这些数据库涉及的服务器包括 Reports 管理器、Navigator Audit 服务器、Navigator Metadata 服务器、Activity 监视器

（仅用于 MapReduce 监视）。

（6）备份 Cloudera Manager 服务器的步骤及方法

1）登录到 Cloudera Manager 服务器主机。

2）创建顶级备份目录。

3）备份 Cloudera Manager 服务器目录。

4）备份现有的存储库目录。

2. 备份 CDH 的方法及步骤

在升级之前需要先备份 CDH，同时也允许在必要的时候回滚。此外，以下 CDH 组件不需要备份：MapReduce、YARN（yet another resource negotiator，一种开源的分布式资源管理器）、Spark、Pig、Impala。下面介绍在升级 CDH 之前需要完成的备份步骤。

（1）备份数据库。备份数据库时需要停止某些服务，这可能会使它们在备份期间不可使用。因此，需要提前做好备份计划。

1）收集以下信息。数据库类型（PostgreSQL、MySQL、MariaDB 或 Oracle）、数据库的主机名、数据库名称、数据库使用的端口号等。

2）打开 Cloudera Manager 管理控制台，查找在集群中部署的以下任何服务的数据库信息。

① Sqoop、Oozie 和 Hue。

② Hive Metastore。

③ Sentry。

3）为备份的每个数据库执行以下步骤

①如果某些服务尚未停止，则应停止该服务。如果 Cloudera Manager 指示存在依赖该服务的需求，则同时停止依赖服务的关联服务。在“主页”的“状态”选项卡上，单击服务名称右侧，选择“停止”，单击下一个屏幕中的“停止”以确认。当看到“Finished”状态时，说明该服务已停止。

②备份数据库。替换数据库名称、主机名、端口名、用户名和备份目录路径。

③启动服务。

（2）备份 ZooKeeper。在所有 ZooKeeper 主机上，备份 ZooKeeper 配置中使用 dataDir 属性指定的 ZooKeeper 数据目录，默认位置是 /var/lib/zookeeper。例如，要识别 ZooKeeper 主机，请打开 Cloudera Manager 管理控制台，转到 ZooKeeper 服务并单击“实例”选项卡。记录文件和目录的权限，方便有需要时用来回滚 ZooKeeper。

（3）备份 HDFS（Hadoop distributed file system，Hadoop 分布式文件系统）。找到备份 HDFS 所需的主机名，打开 Cloudera Manager 管理控制台，转到 HDFS 服务，然后单击“实例”选项卡。

1）在所有 NameNode 主机上，备份 NameNode 运行时的目录。创建一个临时回滚目录。如果需要回滚到 CDH 5.x，则回滚过程需要修改此目录中的文件。

2）备份所有 DataNode 运行时的目录。

3）如果 HDFS 没有开启高可用性，则需要备份 Secondary NameNode 的 runtime 目录。

（4）备份 HBase。回滚过程会包含 HDFS 回滚，所以 HBase 中的数据也会跟随回滚，因此，需要备份 HBase 数据。此外，存储在 ZooKeeper 中的 HBase 元数据，也会因为 ZooKeeper 的回滚，需要进行部分恢复。

如果集群配置为使用 HBase 复制，则需要记录所有复制对等点。如果有必要（例如 HBase znode 已被删除），可以在没有 ZooKeeper 元数据的情况下，将 HBase 作为 HDFS 回滚的一部分进行回滚。此元数据可以在全新的 ZooKeeper 安装中重建。但复制对等点除外，必须将其添加回来。

（5）备份 Search。使用以下过程备份 Solr 元数据。如果升级过程中出现问题，此过程允许回滚到升级前的状态。

1）确保 HDFS 和 ZooKeeper 服务正在运行。

2）停止 Solr 服务。如果看到有关停止依赖服务的消息，则单击取消并先停止依赖服务，然后停止 Solr 服务。

3）备份 Solr 配置元数据。确保升级备份目录配置属性中指定的目录存在于 HDFS 中，并且可由 Search 超级用户访问。

4）启动 Solr 服务。

5）启动停止的所有相关服务。

（6）备份 Sqoop2。如果没有为 Sqoop2 配置使用默认的嵌入式 Derby 数据库，则需要备份目前 Sqoop2 已配置的数据库，否则需要备份 Sqoop2 存储库中元数据目录的子目录。此位置通常由 Sqoop2 Server Metastore Directory 属性指定，默认位置是 /var/lib/sqoop2。对于此默认位置，Derby 数据库文件位于 /var/lib/sqoop2/repository。

（7）备份 Hue。在所有运行 Hue Server 角色的主机上，备份应用程序注册表文件。

（三）组件与工具组件升级

1. Cloudera Manager 软件升级步骤

要升级 Cloudera Manager 需要执行以下任务。

（1）备份 Cloudera Manager 服务器数据库、工作目录和其他几个实体。如果升级期间出现问题，这些备份可用于恢复 Cloudera Manager。

（2）使用包管理工具和命令来升级 Cloudera Manager 主机上的 Cloudera Manager 服务器软件。

（3）升级所有集群主机上的 Cloudera Manager 代理软件。Cloudera Manager 升级向导可以代理升级，或者可以手动安装代理和 JDK 软件。

2. 升级 CDH 概述

CDH 升级包含 Hadoop 软件和其他组件的更新版本。升级过程使用的 Cloudera Manager 版本因 CDH 版本而异。

完成准备步骤后，可以执行 Cloudera Manager 升级向导。使用 Parcels 或 Packages 进行 CDH 升级。如果使用 Parcels（推荐）和 HDFS，并拥有 Cloudera Enterprise 许可证，则可以执行滚动升级，而无须在升级过程中使集群脱机。

（1）使用 Parcels 升级 CDH（推荐）。使用 Parcels 升级 CDH 是首选方法，因为 Parcels 是由 Cloudera Manager 负责管理的，Cloudera Manager 会自动下载、分发和激活正确版本的软件。如果为 HDFS 启用了高可用性，并且拥有企业许可证，则可以执行滚动升级来升级 CDH，而不需要集群停机。为了获得更轻松的升级体验，可考虑从 Packages 切换到 Parcels，以便 Cloudera Manager 可以自动化更多过程。升级 CDH 时也

可以从 Packages 切换到 Parcels。

（2）使用 Packages 升级 CDH。此选项耗时最长，需要使用 SSH（secure shell，安全外壳协议），并在集群中的所有主机上执行一系列包命令。Cloudera 建议改为使用 Parcels 升级集群，这允许 Cloudera Manager 将升级后的软件分发到集群中的所有主机，而无须登录到每个主机。如果使用 Packages 安装集群，则可以使用 Parcels 进行升级，集群将使用 Parcels 进行后续升级。

3. Cloudera Manager 对 CDH 的支持

Cloudera Manager 和 CDH 不需要同时升级，但 Cloudera Manager 和 CDH 的版本必须兼容。Cloudera Manager 6.0 可以管理运行 CDH 5.7 到 CDH 5.14 的集群，只要 Cloudera Manager 的主要及次要版本等于或高于 CDH 的主要及次要版本即可。举例如下。

（1）支持 Cloudera Manager 6.0.0 和 CDH 5.14.0、Cloudera Manager 5.14.0 和 CDH 5.13.0、Cloudera Manager 5.13.1 和 CDH 5.13.3。

（2）不支持 Cloudera Manager 5.14.0 和 CDH 6.0.0、Cloudera Manager 5.12 和 CDH 5.13、Cloudera Manager 6.0.0 和 CDH 5.6。

4. 升级 Cloudera Manager

（1）升级 Cloudera Manager 服务器

1）建立对软件的访问。Cloudera Manager 需要访问包含更新完软件包的软件包存储库，可以选择直接访问 Cloudera 公共存储库，也可以下载存储库并设置本地存储库，以便可以从网络中访问它们。如果集群主机没有连接到 Internet，则必须设置一个本地存储库，具体方法如下。

①登录到 Cloudera Manager 服务器主机。

②删除现有存储库目录中的所有旧文件。

③创建存储库文件，以便包管理器可以定位和下载二进制文件。

2）安装 Oracle JDK 8。Cloudera Manager 6.0.0 或更高版本管理的所有集群主机都需要 Oracle JDK 1.8。如果 Cloudera Manager 版本支持它，还可以手动安装 OpenJDK 1.8 或 OpenJDK 11。如果主机上已经安装了 JDK 1.8，可以跳过本步骤。

3）升级 Cloudera Manager 服务器。

①登录到 Cloudera Manager 管理控制台。

②停止 Cloudera 管理服务。重要提示：若此时不停止 Cloudera Management 服务器，可能会导致管理角色崩溃，或 Cloudera Manager 服务器无法重新启动。

③确保已禁用任何计划的复制或快照作业，并等待 Cloudera Manager 管理控制台中的任何运行命令完成，然后再继续升级。

④登录到 Cloudera Manager 服务器主机。

⑤停止 Cloudera Manager 服务器。

⑥停止 Cloudera Manager 代理。

⑦升级包。

⑧如果自定义了 /etc/cloudera-scm-agent/config.ini 文件，自定义文件将使用重命名后的扩展名，即 .rpmsave 或者 .dpkg-old。

⑨验证是否安装了正确的软件包。

⑩启动 Cloudera Manager Agent。如果代理启动过程没有发生错误，则不会显示任何响应。

⑪启动 Cloudera Manager 服务器。如果 Cloudera Manager 服务器启动过程没有发生错误，则不会显示任何响应。

⑫在 Web 浏览器中输入“http://cloudera_Manager_server_hostname：7180/cmf/upgrade”，打开 Cloudera Manager 管理控制台。

Cloudera Manager 服务器可能需要几分钟时间才能启动，在服务器启动完成并显示 Upgrade Cloudera Manager 页面之前，Cloudera Manager Admin Console 不可用。

如果在启动服务器或代理时遇到问题，例如数据库权限问题，可以使用日志文件来排查问题。

（2）升级 Cloudera Manager Agent。按照升级页面上的说明升级所有代理。

1）启动 Cloudera Manager 管理服务

①登录到 Cloudera Manager 管理控制台。

②选择“集群 > Cloudera 管理服务”。

③选择“操作 > 开始”。

2）单击升级 Cloudera Manager 代理程序包。将显示升级 Cloudera Manager 代理程序包页面。

3）安装 Cloudera Manager Agent 包时，选择“Custom Repository”选项，并输入 Custom Repository URL。Cloudera Manager 会自动输入包含用户名和密码的自定义存储库 URL。

4）点击“继续”，显示“接受 JDK 许可”页面。

5）如果把 JDK 8 安装在所有主机上，选择“安装 Oracle Java SE 开发工具包”。

6）点击“继续”，显示“输入登录凭据”页面。

7）指定凭据并启动代理安装

①选择 root 作为管理员账户，或选择另一个无密码的账户并输入用户名。

②选择一种身份验证方法。

- 如果选择“所有主机接受相同的密码”选项，则需要输入并确认密码。
- 如果选择“所有主机接受相同的私钥”选项，则需要提供所需密钥文件的密码和路径。
- 如果有必要，修改默认的 SSH 端口。
- 指定一次运行的最大同时安装数，默认和推荐值为 10。可以根据网络容量调整此参数。

8）点击“继续”，安装 Cloudera Manager Agent 包和 JDK。

9）安装结束后，单击“完成”。如果有其他主机组需要代理升级，则从“升级 Cloudera Manager Agent Packages running on”下拉列表中选择“下一组”，然后重复代理安装步骤。

10）单击“运行主机检查器”，以运行主机检查器。检查输出结果并更正所有警告。如果出现问题，可以进行更改，然后重新运行检查器。

11）当检查结果无问题时，启动 Cloudera 管理服务。

12）单击页面底部的链接返回主页。

13）打开 Cloudera Manager 主页，显示集群的状态。所有服务可能需要几分钟才能显示其当前状态。之后可能需要重新启动某些服务，或重新部署客户端配置。

5. 升级 CDH

（1）备份 Cloudera Manager。升级 CDH 集群前，请备份 Cloudera Manager。

（2）进入维护模式。为避免升级过程中出现不必要的警报，请在开始升级之前，在集群上进入维护模式。在“主页”的“状态”选项卡上，单击集群名称旁边的下拉键，然后选择“进入维护模式”。进入维护模式会停止发送电子邮件警报和 SNMP（simple network management protocol，简单网络管理协议）陷阱，但不会停止检查和配置验证。务必在完成升级后退出维护模式，以重新启用 Cloudera Manager 警报。

（3）运行 Hue 文档清理。如果集群使用 Hue，请执行以下步骤，这些步骤会清理 Hue 使用的数据库表，并有助于在升级后提高性能。

1）备份 Hue 数据库。

2）连接到 Hue 数据库。

3）检查 desktop_document、desktop_document2、oozie_job、beeswax_session、beeswax_savedquery 和 beeswax_queryhistory 表的大小，以获得参考对象。如果其中任何一个表的行数超过 10 万行，则运行清理。

4）选择一个运行 Hue 实例的节点，脚本需要运行 Hue 并使用 Hue 的运行配置来运行。通过 git 或者 wget 脚本下载 hue_scripts，这是一组库和命令。

5）更改脚本运行器的权限，以使其可运行。

6）在该节点上以 root 身份运行脚本 DESKTOP_DEBUG=True/opt/cloudera/hue_scripts/script_runner Hue_desktop_document_cleanup --keep-days 90。

7）如果包括 DESKTOP_DEBUG，日志记录将在控制台中，否则检查 /var/log/hue/hue_desktop_document_cleanup.log。注意：第一次运行时，通常每个表中每 1000 个条目需要大约 1 分钟，也可能需要更长的时间，具体取决于表的大小。

8）检查 desktop_document、desktop_document2、oozie_job、beeswax_session、beeswax_

savedquery 和 beeswax_queryhistory 表的行数，并确认相较于清理前数值更小。

9）如果某个表的大小仍然超过 10 万行，应再次运行该命令，保留更少的数值。

（4）下载和分发 Parcels

1）登录到 Cloudera Manager 管理控制台。

2）单击“主机 > 地块”，显示 Parcels 页面。

3）使用远程 Parcels 存储库 URL，更新 CDH 的 Parcels 存储库。

4）如果集群安装了 GPLEXTRAS，请使用远程 Parcels 存储库 URL 更新 GPLEXTRAS Parcels 的版本，以匹配 CDH 版本。

5）分发完所有 Parcels 后，单击所选 CDH 旁边的升级按钮，完成升级。

二、制订功能上线计划

在 CDH 和 CM 的升级过程中，一般需要一个较长的维护窗口（停机时间）来进行升级，其中，可能需要重启 Cloudera 服务、重启集群以及更新一些组件。因此，需要制订一个功能上线计划，以确保尽快应对上线过程中出现的意外情况。

（一）功能上线周期评估

下面描述的流程适用于由 Cloudera Manager 管理的集群。CDH 和 Cloudera Manager 不用同时升级，但是需要保证 Cloudera Manager 和 CDH 版本的兼容。Cloudera Manager 可以管理各主要版本的 CDH。比如，Cloudear Manager 5.7.1 可以管理 CDH5.7.2、CDH5.6.1 和 CDH4.8.6，但是不能管理 CDH 5.8.1。

1. 评估升级的影响

一般需要规划一个足够长的维护窗口（停机时间）进行升级。根据需要升级的组件、集群的节点数以及不同的硬件情况，可能需要一天或几天来进行升级。开始升级之前，需要做好一些前置条件准备以及关键数据备份。升级共有三种类型：主要升级、次要升级和维护升级。

（1）主要升级。从 Cloudera Manager 和 CDH 5.x 主要版本升级到 6.x 或更高版本，主要升级通常具有以下特征。

1）功能的重大变化和 Hadoop 更新到最新版本。

2）数据格式的不兼容变化。

3）Cloudera Manager 中用户界面的重大更改和添加。

4）Cloudera Manager 的数据库架构更改由升级过程自动处理。

5）升级集群需要大量停机时间。

6）重新部署客户端配置。

（2）次要升级。次要升级将软件升级到主要版本的更高次要版本，例如，从 6.0.0 版升级到 6.1.0 版，通常包括以下内容。

1）新功能。

2）Bug 修复。

3）自动处理的 Cloudera Manager 的潜在数据库架构更改。

4）重新部署客户端配置。

5）不兼容的更改或对数据格式的更改通常不会在小升级中引入。

（3）维护升级。维护升级可修复关键错误或解决安全问题，没有引入新功能或不兼容的更改。维护版本的版本号仅在第三位有所改变，例如，从 6.0.0 版升级到 6.0.1 版。要升级到维护版本，只需执行次要版本升级步骤的子集。

2. JDK 升级

在 JDK 升级中，Cloudera Manager 仅支持 64 位 JDK，但 Cloudera Manager 6 和 CDH 6 不支持 JDK 7。虽然所有版本的 CDH 5 都支持 JDK 7，但 Cloudera Manager 6.x 管理的 CDH 5.x 集群，必须在所有集群主机上使用 JDK 8。Cloudera Manager 6 和 CDH 6 支持 Oracle JDK 8。CDH 5.3 及更高版本也支持 JDK 8。Cloudera Enterprise 6.1.0 及更高版本、Cloudera Enterprise 5.16.1 及更高版本支持 OpenJDK 8。

CDH 6 不支持使用 JDK 7 编译的应用程序。在升级到 CDH 6 之前，必须使用 JDK 8 重新编译应用程序。任何 Cloudera Manager 或 CDH 版本都不支持 Oracle JDK 9。当安全受到威胁时，Cloudera 会排除或删除对特定 Java 更新的支持。不支持在不同 JDK 版本的同一集群中运行 CDH 节点，所有集群主机必须使用相同的 JDK 更新级别。

这里以 CDH 6.2.0 升级为例介绍 CDH 6.X JDK 的升级。

（1）升级 JDK

1）下载 JDK（Oracle JDK、Zulu JDK），命令如下。

```
# wget https://cdn.azul.com/zulu/bin/zulu8.42.0.21-ca-jdk8.0.232-linux_x64.tar.gz
```

2）安装 JDK。

3）配置 JAVA_HOME，配置 /etc/profile，添加如下配置（经验性配置，且推荐这样的配置）。

```
JAVA_HOME=/usr/local/zulu8
JRE_HOME=$JAVA_HOME/jre
CLASS_PATH=.:$JAVA_HOME/lib/dt.jar:$JAVA_HOME/lib/tools.jar:$JRE_HOME/lib
PATH=$PATH:$JAVA_HOME/bin:$JRE_HOME/bin
export JAVA_HOME JRE_HOME CLASS_PATH PATH
```

4）Cloudera Manager Server 主机上修改 /etc/default/cloudera-scm-server，添加下列内容：export JAVA_HOME=/usr/local/zulu8。

（2）重启 Cloudera 服务。执行如下命令，若过程中出现异常或警告信息，可以查看 /var/log/cloudera-scm-server/ 下的日志信息并加以解决。

1）Agent 端执行的命令如下。

```
# sudo systemctl stop cloudera-scm-agent
```

2）Server 端执行的命令如下。

```
# sudo systemctl restart cloudera-scm-server
```

3）Agent 端执行的命令如下。

```
#sudo systemctl start cloudera-scm-agent
```

（3）Cloudera Manager 页面配置。打开浏览器，登录 Cloudera Manager 页面。选择“主机 > 所有主机 > 配置 > 高级 >Java 主目录”，在 Java 主目录右侧框中输入 $JAVA_HOME 的路径。

（4）重启集群。在页面上重启集群，包括 Cloudera Management 服务器和各组件服务。

3. 升级到 CDH 6 后重新索引 Solr 集合

升级到 CDH 6 后，Solr 集合将使用更新的配置自动重新创建，注意：此时集合是空集合。Cloudera 不支持将底层索引文件从 CDH 5 升级到 CDH 6，因此必须重新索引集合。Apache Solr 没有专门的重新索引功能，因此要重新索引集合，必须执行用于索引文档的索引步骤。

4. Apache Spark 升级后的迁移步骤

升级到 CDH 6 后，可能配置了多个 Spark 服务，且每个服务都有自己的一组配置，包括事件日志位置。可以通过执行以下步骤手动合并 Spark 服务，以确定保留的服务。

（1）将所有相关配置从要删除的服务复制到要保留的服务，查看和编辑配置。

1）在 Cloudera Manager Admin Console 中，转到要删除的 Spark 服务。

2）单击“配置”选项卡。

3）逐一进行配置。

4）转到保留的 Spark 服务并复制配置。

5）单击“保存更改”。

（2）要保留历史事件日志

1）确定要删除的服务的事件日志的位置。

2）登录集群主机并运行命令：hadoop fs –mv <old_Spark_Event_Log_dir> /* <new_location> /。

（3）使用 Cloudera Manager，停止并删除要移除的 Spark 服务。

1）在 Cloudera Manager Admin Console 中，单击要删除的 Spark 服务旁边的下拉箭头，然后选择“Stop”。

2）单击要删除的 Spark 服务旁边的下拉箭头，然后选择“Delete”。

（4）重启剩余的 Spark 服务。单击 Spark 服务旁边的下拉箭头，然后选择“Restart”。

（二）制订功能上线周期计划

在配置了服务的情况下，应按照下面的步骤顺序执行：

（1）启动 ZooKeeper。

（2）启动 Kudu。

（3）升级 HDFS 元数据。

（4）启动 HDFS。

（5）启动 HBASE。

（6）升级 Sentry Database。

（7）开始 Sentry。

（8）启动 Kafka。

（9）升级 Solr。

（10）启动 Flume。

（11）升级 KeyStore 索引器。

（12）启动键值存储索引器。

（13）升级 YARN。

（14）安装 MR Framework Jars。

（15）开始 YARN。

（16）部署客户端配置文件。

（17）升级 Spark 独立服务。

（18）启动 Spark 服务。

（19）升级 Hive Metastore 数据库。

（20）启动 Hive。

（21）验证 Hive Metastore 数据库架构。

（22）启动 Impala，升级 Oozie。

（23）升级 Oozie SharedLib。

（24）启动剩余的集群服务。

三、组件权限管理

（一）监控、管理工具的用户角色

Cloudera Manager 功能的访问由指定身份的一个或多个用户的账户来控制。经过身份验证的用户角色决定了用户可以执行的任务，以及用户在 Cloudera Manager 管理控制台中可见的功能。除了默认用户角色，还可以创建仅适用于特定集群的用户角色。主要的默认用户角色如下：

（1）Read-Only：只读角色。只能查看 CM 中的数据，不能对其进行新增、删除、修改等操作。

（2）User Administrator：用户管理员。负责用户账户和角色的创建、修改、删除等操作。

（3）Full Administrator：超级管理员。拥有包括角色、账户、数据、集群等在内的所有操作权限。

（4）Auditor：审核员。可以查看数据和操作日志，不能对集群内数据进行操作。

（二）具有集群权限的用户角色

除了默认用户角色，还可以创建仅适用于特定集群的用户角色。创建这个新角色是通过将特定集群的特定权限分配给默认角色来完成的。当一个用户的账户拥有多个角色时，权限是所有角色的联合。例如，用户 1 在集群 1 的范围内具有受限操作员角色和只读角色，同时，用户 1 在集群 2 上具有配置器权限的角色。在集群 1 上，用户 1 可以利用 Limited Operator 和 Read-Only 执行所有操作；在集群 2 上，用户 1 可以利用配置器执行所有操作。

特定集群的权限可分配给以下用户角色：集群管理员、配置器、有限运营商、操作员、只读。

无法为特定集群分配权限的用户角色可适用于所有集群，例如，如果 Edith 拥有 Key Administrator 用户角色，那么它可以对所有集群执行 Key Administrator 的操作。

（三）为特定集群添加用户角色

要创建对特定集群具有特权的角色，应执行以下步骤。

（1）在 Cloudera Manager 管理控制台中，导航到“Administration > Users & Roles > Roles”。

（2）单击“添加角色”。

（3）指定以下内容

1）Privilege：要为其分配权限的用户角色和集群。

2）用户：要分配给此新角色的用户。可以现在或以后分配用户。

3）LDAP（lightweight directory access protocol，轻量目录访问协议）组 / 外部程序退出代码 /SAML（security assertion markup language，安全断言标记语言）属性 /SAML 脚本退出代码：希望将此新角色分配给的外部映射。

4）点击“添加”，结束操作。

（四）将用户分配给角色

除了将组（例如 LDAP 组）映射到用户角色，还可以将单个用户分配给用户角色。如果不分配角色，本地用户默认无访问权限。这意味着用户不能对集群执行任何操作。要将用户的账户添加到角色，应执行以下步骤。

（1）在 Cloudera Manager 管理控制台中，导航到“Administration > Users & Roles > Roles”。

（2）单击要修改的角色的分配。

（3）指定要分配给角色的用户或“身份验证方法值”组。

（4）保存更改。

（五）从用户角色中删除用户或外部映射

执行以下步骤可以从用户角色中删除用户的账户或外部映射。

（1）在 Cloudera Manager 管理控制台中，导航到“Administration > Users & Roles > Roles”。

（2）单击要修改的角色的分配。

（3）单击要从用户角色中删除的每个用户或外部映射，然后单击保存。

1. 删除角色

要删除具有特定权限的角色，必须首先删除具有该角色的所有用户的账户。请注意，无法删除 Cloudera Manager 附带的默认角色。

按照以下步骤删除用户，然后删除角色。

（1）在 Cloudera Manager 管理控制台中，导航到“Administration > Users & Roles > Roles”。

（2）单击要修改的角色的分配。

（3）单击要从用户角色中删除的每个用户或外部映射，然后单击保存。

（4）单击删除。

2. 删除完全管理员用户角色

在某些组织中，安全策略可能禁止使用完全管理员角色。完全管理员角色是在 Cloudera Manager 安装过程中创建的，但只要存在至少一个具有用户管理员权限的用户账户，就可以删除它。要完全删除管理员用户角色，应执行以下步骤。

（1）添加至少一个具有用户管理员权限的用户账户，或确保至少已存在一个此类用户账户。

（2）确保只有一个用户账户具有完全管理员权限。

（3）以剩余的唯一完整管理员用户身份登录时，选择自己的账户，然后将其删除或为其分配新的用户角色。

警告：删除最后一个完全管理员账户后，将立即注销且无法登录，除非有权访问另一个用户的账户。此外，将无法再创建或分配完全管理员。

完全删除管理员角色的结果是某些任务可能需要具有不同用户角色的两个或多个用户之间的协作。举例如下。

（1）如果需要更换运行 Cloudera Navigator 角色的机器，那么集群管理员需要将在该机器上运行的所有角色移动到另一台机器上。集群管理员可以通过删除和重新添加任何非导航器角色来移动它们，但需要导航器管理员来执行 Cloudera 导航器角色的停止、删除、添加和启动操作。

（2）为了拍摄 HDFS 快照，集群管理员必须在集群上启用快照，但快照本身必须由 BDR（备份和灾难恢复）管理员拍摄。

四、平台管理项目案例

（一）管理平台升级命令操作

1. 查看操作系统信息

（1）登录集群管理员账户，输入如下命令查看操作系统信息。

```
# lsb_release -a
```

（2）输入如下命令查看目前 CM 使用的 Metastore 情况。

```
# cat /etc/cloudera-scm-server/db.properties
```

2. 备份相关监控和 scm 数据库组件

（1）输入如下命令备份 CMA(Cloudera Manager Agent）文件夹。

```
# cp /etc/default/cloudera-scm-agent /etc/default/cloudera-scm-agent.bak
# cp -r /var/run/cloudera-scm-agent/ /var/run/cloudera-scm-agent_bak
# cp -r /var/lib/cloudera-scm-agent/ /var/lib/cloudera-scm-agent_bak
```

（2）输入如下命令查找 MySQL 软件所在目录。

```
# find / -name mysql -print
```

（3）输入如下命令设置软连接。

```
# ln -fs /usr/local/mysql/bin/mysqldump /usr/bin
# ln -fs /usr/local/mysql/bin/mysql /usr/bin
```

（4）输入如下命令备份 Service/Host monitor、Event Server、cms 信息。

```
# cp -rp /var/lib/cloudera-service-monitor/ /var/lib/cloudera-service-monitor_bak
# cp -rp /var/lib/cloudera-host-monitor/ /var/lib/cloudera-host-monitor_bak
# cp -rp /var/lib/cloudera-scm-eventserver/ /var/lib/cloudera-scm-eventserver_bak
# cp -rp /etc/default/cloudera-scm-server/etc/default/cloudera-scm-server_bak
```

（5）输入如下命令停止服务。

```
# systemctl stop cloudera-scm-agent
# systemctl stop cloudera-scm-server
```

3. 检测 CM 包

（1）输入如下命令检测 CM 包是否需要升级。

```
# yum upgrade cloudera-manager-server cloudera-manager-daemons cloudera-manager-agent
```

（2）输入如下命令将升级包移到 /opt/cloudera/parcel–repo 文件夹中。

```
# cp CDH-6.3.2.1-1.cdh6.3.2.p0.1605554-el7.parcel /opt/cloudera/parcel-repo
# cp CDH-6.3.2.1-1.cdh6.3.2.p0.1605554-el7.parcel.sha /opt/cloudera/parcel-repo
```

（二）界面操作升级集群

1. 升级

（1）在主界面点击下拉菜单，选择“升级集群”。

（2）选择升级版本。

2. 安装

（1）安装到三台机器上，并重启。

（2）重启集群并升级。

（3）集群升级完成。

第二节 系统运维

系统运维类似于系统维护，但前者更加侧重于保障系统正常运行。运维涵盖运行和维护两个方面。在本节中，系统运维主要是指针对大数据平台进行的运维，目标是提升系统运维人员和开发人员的能力，以保证大数据平台的稳定性。同时，这也有助于提升调度作业的效率，并能够排查和分析异常问题。

本节以应用主流数据中心管理和处理工具 CDH 为例，从大数据集群的监控、集群的调优、自动化运维脚本编写方法、常见作业异常排查方法等几个方面来介绍系统运维。

一、集群情况监控及管理

（一）集群资源情况监控

Cloudera Manager 提供了许多功能，用于监控集群组件（主机、服务守护进程）的运行状况和性能，以及对集群上运行的作业的性能和资源需求进行监测。

在首页面板可以查看当前集群网络 IO、集群磁盘 IO、集群 CPU 以及 HDFS（一种用于存储和处理大规模数据的分布式文件系统）IO 情况。同时，可以通过峰值和谷值快速定位异常时间范围，便于了解集群的运行情况。

1. 内存资源监控

内存资源监控是 CDH 集群监控的一项重要指标。当内存指标异常时，可能会影响服务的状态和集群健康，导致组件不可用，甚至可能引发集群崩溃。通过集群首页点击【主机】>【所有主机】可以查看当前集群主机内存的使用情况。可以使用 CDH 内置的指标和图表生成器，在首页上构建相应的图表来展示内存资源监控情况。

2. CPU 资源监控

CPU 资源监控同样是 CDH 集群监控的一个重要指标。除非应用本身确实具有计算密集型特性，否则高 CPU 负载通常是由死循环等问题导致的。可以通过 CDH 集群自带的 CPU 资源监控图表的峰值和谷值，快速定位异常时间。

3. HDFS IO 资源监控

HDFS 发生 IO 情况包括数据写入、数据归档和节点数据均衡。CDH 内部提供了相应的脚本，用于采集 HDFS IO 指标，并生成可视化图表。这些图表可以清晰地反映某一时间段内 HDFS 的 IO 情况，方便我们排查异常情况，如磁盘坏块导致的 HDFS IO 下降。

（二）资源管理和配置

CDH 资源管理包括静态服务池和动态资源池。可通过定义不同服务对集群资源的影响来帮助确保可预测的行为。资源管理可以实现以下目标。

（1）在合理的时间范围内完成关键工作负载。

（2）支持用户组之间基于每组资源公平分配的合理集群调度。

（3）防止用户剥夺其他用户对集群的访问权限。

1. Cloudera Manager 资源管理

Cloudera Manager 提供了两种将集群资源分配给服务的方法：静态资源分配和动态资源分配。

（1）静态资源分配。使用 Cloudera Manager 5，可以通过单个静态服务池向导配置使用 Cgroups 进行静态资源分配。按总资源的百分比分配服务，然后向导会自动配置 Cgroups。

图 1-1 展示了静态资源池中 HBase、HDFS、Impala 和 YARN 服务分别被分配了 20%、30%、20% 和 30% 的集群资源情况。

（2）动态资源分配。可以使用动态资源池动态分配静态资源给 YARN 和 Impala。Cloudera Manager 中的动态资源池支持以下场景。

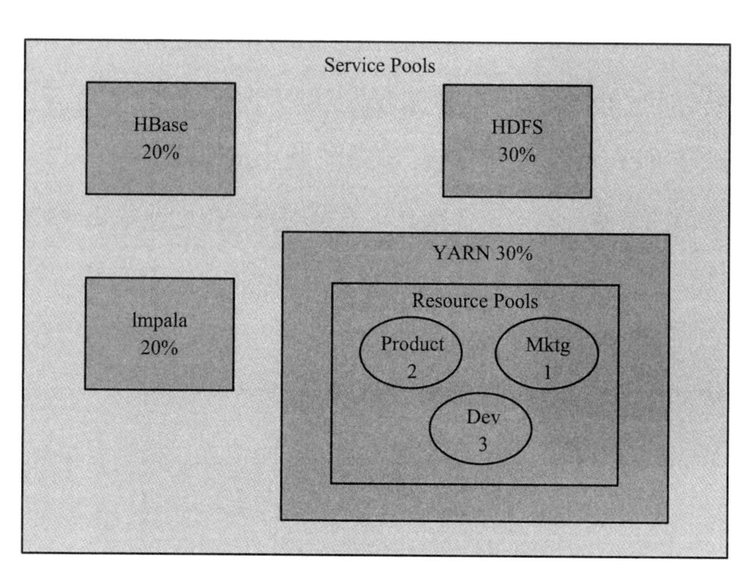

图 1–1 HBase、HDFS、Impala、YARN 服务的资源池

1）YARN。YARN 管理虚拟内核、内存、正在运行的应用程序、未声明的子池（用于父池）的最大资源，并为每个池定义了调度策略。在图 1–1 中，为 YARN 定义了三个动态资源池——Dev、Product 和 Mktg，权重分别为 3、2 和 1。如果一个应用程序启动并分配到 Product 池，而其他应用程序正在使用 Dev 池和 Mktg 池，则 Product 池接收集群总资源的 30% × 2/6（或 10%）。如果没有应用程序使用 Dev 池和 Mktg 池，则 YARN 的 Product 池将会分配到 30% 的集群资源。

2）Impala。Impala 利用池来管理内存，并对每个池中正在运行和排队的查询数量进行限制。

YARN 管理资源的场景映射到 YARN 调度程序策略。Impala 独立管理资源的场景使用 Impala 准入控制。

2. 资源管理分配

静态服务池将集群中的服务相互隔离，从而削弱了每一个服务对其他服务的影响。服务按总资源（CPU、内存和输入输出系统权重）的静态百分比分配，这些资源不与其他服务共享。当配置静态服务池时，Cloudera Manager 会为服务的工作角色计算推荐的内存、CPU 和输入输出系统配置，这些配置与分配给每个服务的百分比相对应。静态服务池通过在集群中的每个角色组内实现，并使用协作内存限制来控制资源访问。

静态服务池可用于控制 HBase、HDFS、Impala、MapReduce、Solr、Spark、YARN 和附加组件对资源的访问。默认情况下，静态服务池处于关闭状态。

动态资源池是一种命名的资源配置，用于在池中运行的 YARN 应用程序和 Impala 查询之间调度资源的策略。动态资源池允许根据用户对特定池的访问以及这些池可用的资源，来调度和分配资源给 YARN 应用程序和 Impala 查询。如果一个池的分配没有被使用，那么它可以被抢占并分发给其他池。否则，池将根据池的权重接收资源的份额。访问控制列表限制谁可以向动态资源池提交工作并管理它们。

YARN 和 MapReduce 调度程序可以确定运行哪些作业，在哪里运行，并确定分配给作业的资源。

Impala 可以限制 Impala 使用的 CPU 和内存资源，以管理运行来自许多 Hadoop 组件的作业的集群上的工作负载并确定其优先级。

（1）启用和配置静态服务池。最低要求角色：集群管理员。

1）选择【集群】>【集群名称】>【静态服务池】。

2）单击“配置”选项卡，将显示第 1 步（共 4 步：基本分配设置）页面。在基本分配表的每个字段中，输入分配给每个服务的资源百分比。总和必须达到 100%。单击【继续】以开展后续操作。

3）更改每种资源类型和角色的资源分配，显示新值以及之前有效的值。每个角色的值由角色组设置；如果给定角色类型（例如，对于 RegionServers 或 DataNodes）有多个角色组，则将为每个角色组中的主机单独分配资源，记下更改的设置。如果以前自定义过这些设置，请仔细检查这些设置。

4）重新启动服务。要应用新的分配百分比，请单击立即重新启动，以重新启动集群。要跳过此步骤，请单击稍后重新启动。如果启用了 HDFS 高可用性，那么这里还可以选择滚动重启。

（2）禁用静态服务池。在导航栏选择【主机】>【所有主机】，单击【配置】，选择【资源管理】，清除【启用基于 Cgroup 的资源管理】属性，保存更改，重启所有服务。

（3）查看动态资源池配置。选择【集群】>【集群名称】>【动态资源池配置】。

如果集群中有 YARN 服务，则显示【YARN】>【资源池】页签。如果集群中 Impala 启用动态资源池，则会显示【Impala Admission Control】>【资源池】页签。单击【YARN】或【Impala Admission Control】页签。

（4）创建 YARN 动态资源池。默认情况下，始终存在一个名为 root.default 的资源池，所有 YARN 应用程序都运行在这个池中。当工作负载包括具有自己需求的可识别的应用程序组时（例如来自特定应用程序或组织中的特定组），可以创建额外的池。

1）选择【集群】>【集群名称】>【动态资源池配置】>【YARN】>【资源池】页签。单击【创建资源池】。系统弹出【创建资源池】对话框，显示【Resource Limits】页签。

2）指定池的名称和资源限制。

3）单击创建并刷新动态资源池。

（5）Impala 启用和禁用动态资源池。默认情况下，Impala 的 Impala Admission Control 和动态资源池处于禁用状态。只有当两者都启用时，才会出现在“动态资源池配置”选项卡中。

（6）创建 Impala 动态资源池。默认情况下，总有一个资源池被指定为 root.default，当 Impala 启用了动态资源池特性时，所有的 Impala 查询都会运行在这个池中。当工作负载包括可识别的查询组（例如来自特定应用程序或组织中的特定组），这些查询组对并发性、内存使用或服务水平协议（sevice level agreement，SLA）有自己的需求时，可以创建额外的池。每个池都有自己的与内存、查询数量和超时时间相关的设置。

1）选择【集群】>【集群名称】>【动态资源池配置】>【Impala Admission Control】>【资源池配置】。

2）单击【创建资源池】，指定资源池的名称和资源限制。

3）创建并刷新动态资源池。

二、集群指标调优

集群指标针对的是集群内服务的运行指标，如CPU、内存等，在向集群添加服务时，会设置预定义的默认值。根据实际需求情况，需要对这些指标进行优化，否则在执行作业时，可能会因为内存、CPU分配不足，导致作业执行失败或者执行效率较低。

（一）集群资源查询

1. 内存资源

选择【主机】>【所有主机】，选择其中一台主机，点击进入，点击【资源】，滚动到内存，可以查看这台主机的各个实例的内存配置情况。

2. CPU资源

选择【主机】>【所有主机】，选择其中一台主机，点击进入，点击【资源】，滚动到CPU，可以查看这台主机的各个实例的CPU配置情况。

3. HDFS IO资源

HDFS IO依赖主机磁盘的IO。选择【主机】>【所有主机】，选择其中一台主机，点击进入，点击【资源】，滚动到磁盘，如果主机有高性能的读写磁盘挂载，则主要查看HDFS的DataNode配置的路径是否为高性能的读写磁盘。

（二）集群资源调优示例

1. 内存资源调优案例

内存调优主要包括以下内容。

（1）内存调拨过度验证阈值，默认值为0.8。可以根据主机内存配置情况调整数值，避免浪费。

（2）服务实例的JVM配置，根据主机的内存配置分配相应的JVM内存。如果主机配置较高，则默认配置的JVM内存也会较高，实际上可能用不了那么多，故需要根据实际情况进行调整。

（3）YARN内存配置。集群上大部分的调度作业是基于YARN的，所以应尽可能地将资源分配给YARN。这里给出一个具备128 GB内存的单台主机的配置实例，见表1–1。

表 1–1 YARN 内存配置

ResourceManager	yarn.scheduler.mmininum–allocation–mb	最小容器内存	1
	yarn.scheduler.increment–allocation–mb	容器内存增量	0.5
	yarn.scheduler.maximum–allocation–mb	最大容量内存	16
NodeManager	yarn.nodemanager.resource.memory–mb	容器内存，可分配给容器的物理内存数量	64

2. CPU 资源调优案例

CPU 资源调优主要是针对 YARN，应根据实际的主机 CPU 进行配置。这里给出一个具有 24 核 CPU 的单台主机的配置实例，见表 1–2。

表 1–2 CPU 资源调优

ResourceManager	yarn.scheduler.mininum–allocation–vcores	最小容器虚拟 CPU 内核数量	1
	yarn.scheduler.increment–allocation–vcores	容器虚拟 CPU 内核增量	1
	yarn.scheduler.maximum–allocation–vcores	最大容器虚拟 CPU 内核数量	32
NodeManager	yarn.nodemanager.resource.cpu.vcores	容器虚拟 CPU 内核，可分配的 CPU 内核数量	24

3. HDFS IO 资源调优案例

（1）优化文件系统。使用 EXT4 和 XFS 文件系统，用 noatime 挂载磁盘。

（2）预读缓冲。预读技术可以有效减少磁盘寻道次数，缩短输入输出系统等待时间。在 Linux 文件系统中，在默认情况下，预读缓冲区的大小为 256 扇区（128 KB）。然而，通过增加预读缓冲区的大小，如调整到 1024 或 2048 扇区，可以明显提高顺序文件的读取性能，故建议调整到 1024 或 2048 扇区。预读缓冲区的设置可以通过 blockdev 命令来完成。

（3）放弃 RAID 和 LVM 磁盘管理方式，选用 JBOD。

第一，不使用 RAID。应避免在 TaskTracker 和 DataNode 所在的节点上进行 RAID。RAID 为保证数据可靠性，根据类型的不同会做一些额外的操作，HDFS 有自己的备份机制，无须使用 RAID 来保证数据的高可用性。

第二，不使用 LVM。LVM 是建立在磁盘和分区之上的逻辑层，将 Linux 文件系统建立在 LVM 之上，可实现灵活的磁盘分区管理能力。DataNode 上的数据主要用于批量读写，不需要这种特性，故建议将每个磁盘单独分区，分别挂载到不同的存储目录下，从而使数据跨磁盘分布，不同数据块的读写操作可并行执行，有助于提升读写性能。

第三，使用 JBOD。JBOD 是在一个底板上安装的带有多个磁盘驱动器的存储设备，JBOD 没有使用前端逻辑来管理磁盘数据，每个磁盘可实现独立并行的寻址。将 DataNode 部署在配置 JBOD 设备的服务器上，可提高 DataNode 性能。

（4）内存调优。避免使用 swap 分区，将 Hadoop 守护进程的数据交换到磁盘的行为可能会导致操作超时。注意：避免使用 swap 分区并不意味着就不会使用 swap 分区，而是通过配置降低 swap 使用的可能性。

（5）网络参数调优。大数据平台大部分构建在企业内网环境，基本上不会用到 IPv6，因此可以选择禁用 IPv6。

采用如下方式对 socket 读写缓冲区进行调优。

```
cat /proc/sys/net/core/wmem_default
echo "net.core.wmem_default=256960" >> /etc/sysctl.conf
echo "net.core.wmem_max=2097152" >> /etc/sysctl.conf
```

采用如下方式设置默认的 TCP 数据接收窗口大小（字节）。

```
cat /proc/sys/net/core/rmem_default
echo "net.core.rmem_default=256960" >> /etc/sysctl.conf
echo "net.core.rmem_max=2097152" >> /etc/sysctl.conf
```

三、系统运维项目案例

（一）需求说明和分析

1. 需求说明

利用 Cloudera Manager 监控集群中组件的性能和运行状态，同时监控集群中任务所消耗的系统资源。

2. 需求分析

需求分析包括以下几个方面。

（1）查看集群的整体健康情况、主机的健康情况以及内存、CPU 等资源的使用情况。

（2）对组件的参数进行配置和调整，动态调整各个参数比例。

（3）从多个维度查询不同组件的日志，包括 INFO/ERROR 等不同级别的日志，从而快速筛选日志、定位错误。

（4）查看整个集群发生的活动、事件等的完整脉络和路径，同时对出现的问题进行报警和分析。

（二）案例实践

1. 集群情况监控及管理

通过 Cloudera Manager 的控制台可以完成集群的监控和管理。

（1）集群监控。在顶部导航栏中的集群选项卡会显示每个集群的服务，Cloudera Manager 提供的服务内容如图 1-2 所示。

要显示集群状态页面，点击“状态”选项卡上的群集名称。

1）如果出现了图标 ❗2，说明至少存在一个健康问题。此符号代表健康问题的最高级别。

①如果显示红色，则多数情况下表示出现了节点宕机、进程关闭等严重问题。

②如果显示黄色，则说明健康方面存在隐患，但是没有危及集群的正常运行。

③如果显示绿色，则代表一切正常运行。

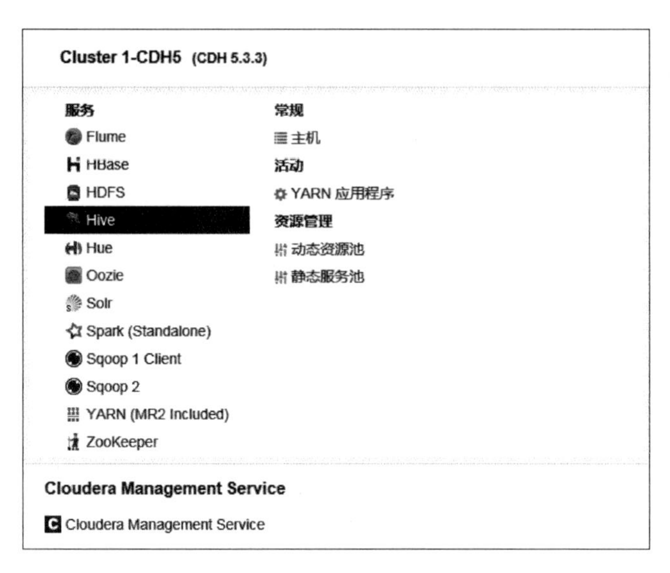

图 1–2　Cloudera Manager 提供的服务内容

2）如果出现了图标 ✕ 4，说明存在配置方面的问题，它代表配置问题的最高级别。

①如果显示红色，则说明配置方面存在错误。

②如果显示黄色，则说明配置方面虽然没有错误，但是存在隐患。

3）如果出现了图标 C，说明至少存在一个服务角色的信息和当前配置中的不匹配，需要重启。一般重启集群即可。

4）如果出现了图标，说明某个服务的客户端信息需要重新部署。点击这个图标，然后选择重新部署即可。

（2）服务监控

1）监控集群运行的服务状态，通过服务前面的小圆圈图标来识别。红色为服务存在错误，黄色为存在隐患，绿色为正常运行。

2）管理集群上的服务和角色。以 HDFS 为例，点击 HDFS 服务，再点击实例，则可以看到每个节点的角色。

在此基础上，允许添加节点或者删除节点，以及选择相应的节点解除授权或者添加授权。

此外，还可以点击添加角色按钮，添加实例到 HDFS。

3）添加新服务。在主页面中，在对应的集群旁边点击按钮，然后选择添加服务选

项，即可添加服务。

（3）主机监控。Cloudera Management 可以查看处于同一个集群中的所有主机，管理和监控集群中的主机的运行状态，可以监控每台主机对应的磁盘使用情况、平均负载以及每台服务器上所具有的角色。

点击“向集群添加新主机”按钮，往集群中添加新主机。

点击“Host inspector”，收集有关 Cloudera Manager 目前管理主机的信息。点击“Host inspector”按钮时，检查器就会检查主机的状态。

检查结束后，可以下载结果数据，来查看检查结果。

（4）活动监控。Cloudera Manager 具有活动监控的功能，可以监控 MapReduce 的作业执行、Impala 的查询以及 YARN Application 等，也可以查看在不同的时间段或者时间点作业的执行情况。例如，点击 MapReduce 服务，就可以看到该活动的情况，如图 1–3 所示。

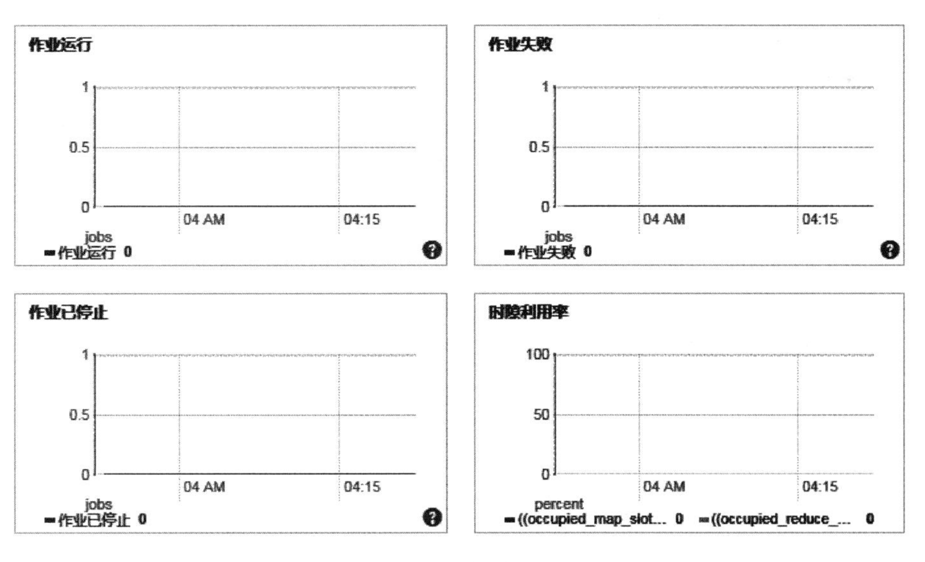

图 1–3　活动监控

选择点击 MapReduce 作业按钮，则可以看到更详细的结果，如图 1–4 所示。

（5）事件。事件一般指发生在特定事物上的动作、变化或状态，如某项服务的健康状态的改变、一个新的日志消息生成等。很多事件都是默认可用且配置为默认配置的。

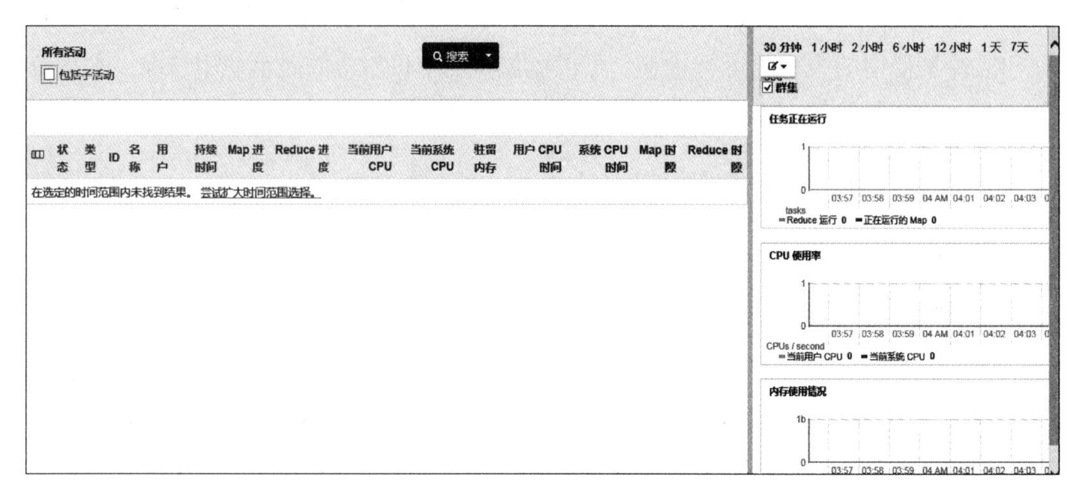

图 1–4　活动监控明细

为了查看事件，可以在主页点击“诊断 -> 事件”选项，进入事件的页面。

可以添加筛选器，选择相应的过滤内容来查看事件。

（6）警报。警报是在 Cloudra Management Service 中配置的，点击“Cloudra Management Service-> 实例”，可以查看警报发布器所部署的服务器。

当某个服务出现性能上的问题或者某台服务器上出问题时，就会出现类似于 Alert 的图标。

（7）日志。Cloudera Manager 日志页面提供日志信息服务，可以通过点击“诊断 -> 日志”菜单来观察日志情况。

进入日志页面后，可以自行选择一些过滤条件，如相应的主机、日志的级别、服务类型等来查看相关的日志。

2. 常见作业异常日志排查

（1）实例 1

问题描述：文件系统检查点已有 1 天 14 小时 36 分钟。占配置检查点期限 1 小时的 3 860.33%。临界阈值为 400.00%。自上个文件系统检查点以来已发生 14 632 个事务。

解决方法如下。

1）可能原因是 NameNode 的 Cluster ID 与 SecondaryNameNode 的 Cluster ID 不一致。需要对比 /dfs/nn/current/VERSION 和 /dfs/snn/current/VERSION 中的 Cluster ID 来确认二者是否一致；如果不一致，则改成一致后重启，就可以解决问题。

2）如果修改之后状况未改善，则需要查看 SecondaryNameNode 日志，如果包含错误“ERROR：Exception in doCheckpoint java.io.IOException：Inconsistent checkpoint field”，则直接删除 /dfs/snn/current/ 下所有文件，重启 SecondaryNameNode 节点。

（2）实例 2

问题描述：NameNode Standby 的目录文件被不小心删除，无法进行格式化，也无法重启。

解决方法：将活动的 NameNode 数据目录下的所有文件拷贝一份过来重启即可。

（3）实例 3

问题描述：Kettle 中无法连接内网的 Hadoop 集群。

解决方法：这个问题一般是由于集群的独立网段导致的，需要在插件目录下，将 Hadoop 集群的相关配置文件拷贝过来，否则后续会出现各种无法连接或者数据节点无法写入数据文件的问题。

具体插件目录如下：

```
$KETTLE_HOME/plugins/pentaho-big-data-plugin/hadoop-configurations/cdh54
```

（4）实例 4

问题描述：重启某个角色的时候，突然无法启动，报错如下。

```
Command aborted because of exception: Command timed-out after 150 seconds.
```

解决方法如下。

1）重启一次，可以解决问题。

2）将 YARN 的 NodeManager 重启后，再重启 HDFS DataNode。

3）重启 agent，命令如下。

```
service cloudera-scm-agent next_stop_hard
service cloudera-scm-agent restart
```

（5）实例 5

问题描述：HBase RegionServer 已经启动，但是 Cloudera Manager 上却显示未启动，导致报端口占用的错误信息如下。

```
Caused by: java.net.BindException: Address already in use
```

解决方法：直接在操作系统终止进程。

（6）实例 6

问题描述：服务与主机长时间无法进行通信，表现为心跳时间特别长，大于 15 秒。

解决方法：一般是因为 agent 的进程问题，重启 agent 服务即可。重启命令如下。

```
systemctl restart cloudera-scm-agent
systemctl status cloudera-scm-agent
```

（7）实例 7

问题描述：系统文件描述符超过阈值。

解决方法：如果是 Cloudera Manager 中某个角色报这个错误，则只要修改角色中的配置即可，将数值调整到合理的大小。

第三节　安 全 维 护

信息安全是大数据管理中不可或缺的要素，大数据领域的信息安全管理侧重于保护信息资产的机密性、完整性和可用性等关键方面。尤其是在法律遵从性要求较为严格的行业，如金融、医疗、电力等领域，信息安全管理已经建立了相应的行业标准。随着《中华人民共和国个人信息保护法》于 2021 年 11 月 1 日正式生效，我国在信息安全保护方面已经建立了较完整的法律法规体系，其中主要包括《中华人民共和国个人信息保护法》《中华人民共和国网络安全法》《中华人民共和国数据安全法》《中华人民共和国密码法》《互联网信息服务管理办法》《计算机信息网络国际联网安全保护管理办法》《中华人民共和国计算机信息系统安全保护条例》《计算机信息系统国际联网保密管理规定》。

从大数据安全管理的全生命周期来看，其主要过程包括识别、验证、授权、访问、审计等。这些过程旨在进行科学有效的大数据安全维护，以维持大数据安全水平，确保其符合国家法律法规和行业标准要求，这些过程关系到项目实施、产品交付以及组织业务连续性管理的关键性工作。

本节首先介绍大数据权限安全管理，然后探讨安全补丁的开发、异常事件的应急处理以及安全系统的升级、开发和维护，最后对医疗健康行业大数据安全维护的实际案例进行详细解读。

一、安全补丁开发

补丁管理是保护组织资产免受威胁的重要手段之一。在大数据平台上经常会出现错误和安全漏洞，一旦发现这些问题，供应商通常会尽快编写并测试补丁，以迅速弥补该漏洞。安全补丁开发确保了大数据平台及时应用适当的补丁，同时验证大数据平台不会受到已知威胁的干扰，这一过程有助于维护大数据平台的稳定性和安全性。

（一）大数据安全补丁开发步骤

尽管供应商经常发布补丁，但这些补丁只有在正确部署后才能发挥作用。实际上，安全事件仍然会经常发生，这主要是因为组织未能执行补丁开发管理策略。及时有效的补丁开发管理能够保障大数据平台安装了最新的补丁。安全事件的发生通常不是因为供应商没有发布补丁，而是因为组织未能正确执行相应的补丁开发管理策略，这些补丁只有在被正确部署后才能充分发挥作用。

1. 评估补丁

供应商定期或者紧急发布安全补丁后，系统管理员应及时进行评估，以确认新发布的安全补丁是否适用于现有的大数据平台。评估的关键因素在于配置管理，配置文档记录了当前大数据平台的配置情况，包括负责人、目标、主要参数，以及基线的变化情况。

例如，用于修复部署了 Hadoop YARN 构件的权限安全补丁，经过评估确认其不适用于 Hadoop 2.7.7 及更高版本的大数据平台。同样地，如果可以通过禁用大数据平台的某个功能服务，或者在部署了大数据平台的操作系统中禁用某个功能服务来屏蔽安全漏洞，那么与该安全漏洞相关的安全补丁就无须部署。

2. 测试补丁

系统管理员必须对每个安全补丁进行测试，以确保该补丁不会引发不良的副作用。最坏的情况是，部署该补丁后，导致大数据平台或者大数据平台某个组件无法正常启动，直接影响整个系统运行。

例如，某些安全补丁有可能会导致 Hadoop 及其组件无限重启。它们会引起停止错误，并不断尝试通过重启来恢复正常。如果在受限的单个系统中进行测试（例如测试环境或者沙盒环境中），那么影响就非常有限且可控。而未经测试的安全补丁被部署到生产环境中（可能涉及成百上千个系统），则可能会带来灾难性的后果。因此，需要确保安全补丁的可用性、稳定性、安全性，则不可忽视测试的重要性。

3. 批准补丁

系统管理员完成安全补丁测试并确认其可用性、稳定性、安全性后，就会批准该补丁的部署，批准流程主要包括变更管理流程。变更管理的核心要求是规定合适的人员在实施变更前进行必要的审查和批准动作，并记录相关信息。

例如，某个安全补丁于2021年11月1日通过了批准，系统管理员应立即检查相关记录，包括该安全补丁的批准过程、部署方案等，并确认相关技术人员具有访问这些记录的权限。

4. 部署补丁

安全补丁经过测试并获得批准后，系统管理员就应及时进行部署。在部署过程中，必须充分考虑生产环境中大数据平台的时间窗口和部署补丁所需要的时间。如果部署补丁所需要的时间超过了生产环境中大数据平台的时间窗口，则应调整部署时间，必要时调整该安全补丁的部署方案。

例如，某个已经获得批准的安全补丁计划于2021年11月8日晚间11点部署至某大数据平台，预计花费3小时。然而，在实际部署前，业务部门提供了反馈，指出因备战“双十一”，需要在11月9日1点上线一个新的OLAP应用，由于测试环境中并未上线这个新应用程序，部署该安全补丁后可能对后续上线的这个应用程序产生影响，因此，在这种情况下，应该立即重新调整部署时间，并重新进行评估。

5. 确认补丁

安全补丁在完成部署后，系统管理员应定期进行测试和审计，以确认安全补丁仍然具有可用性和有效性。

例如，系统管理员于2016年按规范流程部署了Hadoop的安全补丁CVE-2016-6811，并根据漏洞声明确认已完成修复。但是，2018年系统管理员发现，供应商披露了安全漏洞CVE-2018-11766，并指出安全补丁CVE-2016-6811未能完全修复漏洞，建议采取进一步措施。在这种情况下，系统管理员应及时对该安全补丁进行评估、测试、批准、部署，并在新一轮部署后继续进行确认工作。

（二）大数据安全补丁开发案例

以2018年常见的安全漏洞管理为例进行介绍，根据组织的评估安全要求，2018

年 10 月 30 日，系统管理员在供应商 Apache 的网站上发现一个名为 CVE–2018–11766（CNNVD–201811–748）的安全漏洞，如图 1–5 所示，详情如下。

CVE-2018-11766: Apache Hadoop privilege escalation vulnerability

Severity: Critical

Vendor: The Apache Software Foundation

Versions Affected:
Apache Hadoop versions from 2.7.4 to 2.7.6

Description:
In Apache Hadoop 2.7.4 to 2.7.6, the security fix for CVE-2016-6811 is incomplete.
A user who can escalate to yarn user can possibly run arbitrary commands as root user.

Mitigation:
Users should upgrade to 2.7.7 or upper.
If you are using the affected version of Apache Hadoop and there are any users who can escalate to yarn user and cannot escalate to root user, remove the permission to escalate to yarn user from them.

Credit:
This issue was discovered by Wilfred Spiegelenburg.

To unsubscribe, e-mail: general-unsubscribe@hadoop.apache.org
For additional commands, e-mail: general-help@hadoop.apache.org

图 1–5　漏洞声明

（1）CVE–2018–11766：Apache Hadoop 安全漏洞。

（2）严重性：严重。

（3）供应商：Apache 软件基金会。

（4）受影响的版本：Apache Hadoop 版本从 2.7.4 到 2.7.6。

（5）描述：在 Apache Hadoop 2.7.4 到 2.7.6 中，CVE–2016–6811 的安全修复是不完整的。可升级为 yarn 的用户能以 root 用户身份执行命令。

（6）缓解建议：用户应升级到 2.7.7 或更高版本。

对该漏洞进行评估后，发现组织的生产环境中有 5 个 Hadoop 实例存在该漏洞，并且无法通过关闭、禁用服务或者功能的方法来解决，只能使用该漏洞中的缓解方法进行组件版本升级。在组织的测试环境中进行了组件版本升级，并提供了多个可行的

升级方案，对这些方案进行了全面测试。在多个升级方案中，选择了最适合组织生产环境中 Hadoop 实例的升级方案，并发起审批流程。按照获得批准的升级方案，在指定的时间和条件下，对生产环境中的实例进行升级，并预留可能的回滚时间。完成部署后，对漏洞和实例运营情况进行检查。最后，定期进行测试，并持续关注供应商的后续信息。

二、异常事件应急处理

本节所讨论的异常事件属于信息安全事件的范畴，主要针对那些破坏大数据平台正常运行的不良事件。大数据平台的异常事件包括有害程序事件、网络攻击事件、信息破坏事件、信息内容安全事件、设备设施故障。对于组织中出现的灾害性事件和其他事件，如天气事件、自然灾害等，可以参考相关体系下的业务连续性管理（business continuity management，BCM）和灾难恢复计划（disaster recovery planning，DRP）。

（一）异常事件应急处理步骤

有效的异常事件应急处理分为七个步骤，按照时间顺序依次为检测、响应、缓解、报告、恢复、修复、经验教训总结。如果后续处理涉及诉讼，还应考虑进行电子取证工作。

1. 检测

在大数据平台环境中，有多种方法可以检测潜在的异常事件，常见的方法包括以下几种。

（1）异常事件发生时，入侵检测系统（intrusion detection system，IDS）或者入侵防御系统（intrusion prevention system，IPS）会向系统管理员发送相应的警告通知，常见的通知渠道包括短信、电话、电子邮件、微信、钉钉等。

（2）检测到病毒或者恶意软件时，杀毒软件或者反恶意软件会弹窗提示。

（3）很多大数据平台的权限管理框架会定期通过扫描日志进行审计，查找符合预定义条件的异常事件，一旦检测到对应的事件，会立刻告知系统管理员。

（4）有时终端用户发现不正常现象后，会主动联系运维人员（服务台）或者相关技术人员，以解决问题并恢复正常工作。接到用户报告异常时，相关人员会提醒系统管理员存在异常的可能性。

针对以上这些常见的信息渠道，技术人员或者系统管理员应及时调查这些信息，以快速验证是否存在异常事件。

2. 响应

完成检测并验证异常事件存在后，系统管理员应立刻进行响应，响应的力度取决于事件的级别，具体包括特别重大事件、重大事件、较大事件和一般事件。响应工作的核心是确定响应团队，明确各自的职责，设定响应时间。根据异常事件的不同级别，组成不同规模的响应团队。

例如，特别重大事件和重大事件往往需要组织的管理层参与到响应团队中，响应时间控制在30分钟以内。

3. 缓解

缓解措施重在通过各种尝试来遏制异常事件，以将影响降到最低或者将其涉及范围限制到最小。只有异常事件被成功隔离后，各种安全措施才可以充分施展，而无须担心因为安全措施的实施导致异常事件蔓延。

例如，当发现某个大数据平台的主机或者容器受到病毒感染时，技术人员可以第一时间禁用网络或者直接断开网络。

4. 报告

报告是根据组织的规范要求，向组织内部和外部报告异常事件的进展情况。显然，针对一般事件和更为轻微的异常事件，在响应团队内部报告即可。但是，根据相关法律法规对组织管理层的监管职责的要求，特别重大事件和重大事件应向组织管理层报告，无论其是否为响应团队的成员。同时，根据法规遵从性等合规要求，响应团队应依法及时向组织外部报告异常事件，特别是涉及个人信息保护和网络安全方面的异常事件。

5. 恢复

当响应团队收集到较为完整且适当的证据，并形成证据链闭环后，就应进行恢复工作，力争将大数据平台恢复到正常状态。对较小的事件来说，恢复比较容易，可能只需要重启某个组件。但是，重大事件及以上的异常事件的恢复往往需要依赖恢复策

略，而恢复策略一般取决于以下因素。

（1）业务以及支持此类业务应用的重要性。

（2）恢复需要的成本。

（3）恢复需要的时间。

（4）恢复的安全性。

如果不能确定异常事件的攻击者在攻击过程中是否部署了恶意程序，或者修改了配置、代码等，那么通常情况下，重建整个大数据平台往往是最佳选择。

6. 修复

修复工作主要涉及确认导致异常事件发生的原因，并采取相关措施以防止再次发生同样的异常事件，核心是进行根本原因分析。执行根本原因分析的目的是通过科学的方法深入分析，确认到底是什么因素引起了异常事件的发生，从根本上杜绝同样的异常事件再次发生的可能性。常见的根本原因分析方法包括帕累托法、鱼骨法、流程法、追踪法等。

7. 总结经验教训

总结经验教训是至关重要的环节，异常事件的干系人应该和响应团队合作，掌握整个异常事件的始末，以寻找可以总结和吸取的经验教训。关注点侧重于如何改进异常事件应急处理工作。

经验教训应该反馈到异常事件应急处理的初始阶段，即检测阶段。完成经验教训的审核后，响应团队应编写一份完整的异常事件应急处理报告。报告应包括建议的流程变更、增加安全管控措施、改变权限策略等内容。最终哪些建议将被实施，哪些建议将不会被实施，应由组织的管理层决策。

（二）异常事件应急处理案例

以最为常见的弱密码和 SQL 注入组合为例，介绍一个异常事件应急处理案例。案例环境中 Ranger 已配置了全面的审计监控功能，并通过邮件发送报警信息。案例详情如下。

（1）系统管理员于 2021 年 10 月 1 日上午 9 点收到系统报警邮件，提示上午 8 点 50~58 分出现了 HBase 组件中表格里大量数据读取行为。所属的应用 C 的主要客户是国内商务办公用户，通常在十一假期期间不会使用这些表格。

（2）系统管理员立即与应用开发人员联系，确定组织内部人员未进行这些数据读取操作，通过分析应用的 Web 访问日志，发现这些数据读取访问请求均来自国外的同一个 IP 地址。

（3）系统管理员判断很有可能出现非法访问事件，根据组织的预案，立刻报告主要负责人，并在 30 分钟内建立了应急响应小组。应急响应小组进一步分析大数据平台中各个组件的日志后，确认这是一起非法访问的异常事件。

（4）应急响应小组中断了这些访问连接，并禁用了执行这些读取行为的用户 A 和相关访问来源的 IP 地址，同时保存好相关证据。

（5）应急响应小组确认不再出现非法访问后，向组织管理层报告了整个事件。管理层要求在十一假期结束前恢复功能，找到根本原因并修复漏洞。

（6）应急响应小组新建了一个与用户 A 权限相同的用户 B，并将用户 B 设置为应用 C 的访问 HBase 的账户。经过 1 小时的测试，应急响应小组确认应用 C 已恢复正常功能，且没有再次出现非法访问。

（7）应急响应小组采用追踪法详细分析了日志，发现该应用的 admin 账户多次登录密码验证失败，并且存在 SQL 注入的痕迹。通过进一步分析根本原因，异常事件的经过就非常清晰。首先，上午 8 点 40 分，攻击者利用弱密码漏洞登录了应用 C，然后，上午 8 点 50—58 分，攻击者利用 SQL 注入绕过了应用层的验证规则，大量爬取数据。

（8）应急响应小组立即将该应用的 admin 账户的密码修改为复杂可靠的密码，减少了登录验证失败的尝试次数。同时，使用渗透工具检查了该应用的所有功能和接口，进一步发现其他 SQL 注入漏洞，并通知该应用的开发团队抓紧完善代码，修补漏洞。

（9）应急响应小组提交了完整的异常事件报告，报告指出这是一起典型的由弱密码和 SQL 注入引起的信息安全事件，并要求立刻在整个组织内进行弱密码和 SQL 注入风险的检查和整改工作。应急响应小组对已经泄露的数据进行审计，以确认是否存在泄露个人信息或者涉及网络安全的行为，为应对可能存在的诉讼，做好电子取证工作。

三、安全系统的升级、开发和维护

大数据平台是一个典型的以数据驱动为主的信息系统，其安全系统包括硬件安全、网络通信安全、大数据组件安全、应用开发安全、人员安全等方面。

（一）硬件安全

随着我国信息化基础设施的日益完善，生产环境中的大数据平台一般在私有云、公有云或者混合云上运行，从而屏蔽了硬件的差异性和复杂性，便于统一管理所需的硬件资源。底层的硬件安全一般是由私有云的运营维护部门或者公有云的供应商进行管理。这样，硬件安全的工作重点就转移到容量管理和供应商管理上。

1. 容量管理

容量管理主要涉及计划和监测硬件的计算、存储和网络资源，以确保有效可靠地使用硬件资源，并确保硬件资源应当与业务发展保持一致。容量计划应根据大数据平台的使用情况来制订，考虑现有大数据业务的增长以及发展趋势，具体要素如下：

（1）CPU 利用率。

（2）存储利用率。

（3）网络带宽利用率。

（4）输入输出系统读写利用率。

（5）用户数量。

（6）新增应用。

（7）新技术。

（8）服务水平协议。

2. 备份和恢复

备份和恢复是确保信息安全的最后一道防线，尤其是物理层面的备份，一旦无法及时备份或者备份丢失，那么就会失去最后的安全保障。根据组织对各项业务的恢复时间目标（recovery time objective，RTO）和恢复点目标（recovery point objective，RPO），明确相应业务对应的硬件需求，从而保障当某项业务的大数据系统遭遇灾难（特别重大事件或重大事件）时，能够及时恢复。RTO 和 RPO 的具体含义如下。

（1）RTO：业务的功能或者资源在出现灾难后恢复所允许的时间。

（2）RPO：业务的功能或者资源在出现灾难后数据必须恢复的时间点。

3. 供应商管理

根据容量计划和容量监测结果，结合与各个供应商签署的服务水平协议 SLA（一般包含在合同中或者部门协作约定中），对供应商进行有效管理，确保硬件资源的服务水平达到容量计划中的相关要求。

（二）网络通信安全

传统的网络通信安全取决于网络边界，通过防火墙、代理服务器、杀毒软件、入侵检测系统（IDS）、入侵防御系统（IPS）等组合方案，为网络通信提供安全保障。然而，越来越多的实践证明，网络通信的安全取决于其中最薄弱的环节，即终端安全。因此，每个终端都应该配备适当的安全防护组合，如本地防火墙、杀毒软件、垃圾邮件过滤器、IDS/IPS、身份验证、授权、审计等。

当前大数据平台中各个组件所提供的接口或者服务，仍是通过 TCP/IP 网络协议被组织内部或者外部访问，其主要面临的网络攻击风险包括分布式拒绝服务（distributed denial of service，DDoS）和高级持续性威胁（advanced persistent threat，APT）。

1. DDoS

DDoS 是一种集中发起的攻击，一般会利用大量被非法入侵的终端作为攻击来源，这类攻击会利用虚假的请求数据来访问目标地址或者端口，目的是使目标系统的数据处理能力达到或超过上限，从而使正常的请求无法得到响应，被淹没在攻击的数据洪流中。DDoS 利用了 TCP/IP 协议的固有缺陷，目前尚缺乏有效的预防措施。

2. APT

APT 是一种以商业利益和政治目的为目标的网络攻击，与 DDoS 不同的是，它一般是精准定位、长期潜伏、持续渗透的，最终目的是获取有价值的信息。APT 攻击者通常会利用设备和组件的漏洞、应用开发的漏洞和社会工程学手段的组合来进行攻击，可以通过以下方法预防：

（1）建立严格的信息安全防护制度。

（2）加强员工的信息安全意识培训。

（3）定期检测并及时修补各类漏洞。

（4）加密和数据泄露保护。

（三）大数据组件安全

大数据平台中各类组件的安全主要通过身份验证和授权管理、漏洞和补丁管理、配置管理、变更管理等方式的组合来实现。这里重点介绍配置管理和变更管理。

1. 配置管理

配置管理的目标是确保大数据平台及其各个组件在整个运营维护周期中都能保持安全状态。在配置管理中，基线是至关重要的概念。

基线是一个初始点，在大数据平台的配置管理中，它是整个平台的初始配置。系统管理员为了满足大数据业务和不同应用的需求，往往会在完成部署后修改基线。但是，只有经过安全测试的安全基线才是有保障的。

采用镜像、容器等自动化方式创建安全基线是一种有效的方法，这有助于降低人工配置中可能引入的风险。这种方式在大数据平台的部署中已被广泛采用，提高了整体安全性，并降低了部署和维护的时间成本。

需要特别强调的是，应避免使用默认用户密码。只要系统或者组件允许，就应当禁用或者删除内置的超级管理员账户。根据组织安全规范，应当分别创建用于运营和应急处理的不同的超级管理员账户，并妥善保存用户名和密码。

2. 变更管理

变更管理在维护大数据平台的安全水平和避免未授权变更引发运行中断风险方面扮演至关重要的角色。它要求系统管理员或其他具有适当权限的技术人员在变更前进行审查和批准，并需要进行详细记录。

在实际工作中，变更是不可避免的，变更直接影响大数据平台各组件的可用性，如果不加以严格管理，往往会造成意料之外的影响，甚至可能中断整个系统。例如，未经批准就修改 Kerberos 组件的一个端口号，却意外占用了 HBase 组件的端口号。

（四）应用开发安全

虽然本节并不涉及大数据平台中各类应用的开发工作，但是安全运维人员应当了解应用开发中的安全管理，以确保最终在生产环境中部署的应用程序符合安全要求。

应用的安全开发应该贯穿应用的整个生命周期，并在各个阶段采取相应的安全措施。

（1）需求阶段。提出应用的安全需求。

（2）设计阶段。设计符合组织安全规范的功能。

（3）编码阶段。确保代码符合安全编码规范，尽量避免使用已知存在安全风险的函数。

（4）测试阶段。进行全面的安全测试和性能测试，确保在生产环境中的稳定可靠。

拥有全程安全保障的大数据应用程序能够更好地抵御各种常见的应用攻击，如密码攻击、应用程序攻击、跨站脚本攻击等。

（五）人员安全

在安全系统中，人是最薄弱、最不稳定的环节。由于硬件、网络通信、大数据组件、应用开发的重要性和复杂性，组织往往会忽略针对员工的安全管理和维护，因此组织的人员安全策略应充分考虑职责分离、工作职责、岗位轮换等重要因素。员工的筛选、培训、管理、离职过程中的安全管理是大数据平台的安全系统中不可或缺的部分。

1. 筛选

为特定岗位筛选员工时，应以该岗位职责中定义的数据保密级别和数据监管类别作为基础，来确定当员工有意或无意违反安全规定时所造成的危害程度，从而确定其安全性要求，并以此作为背景调查和安全检查的依据。

2. 劳动合同

签署劳动合同时，应确保劳动合同中明确了组织的安全规则、安全策略、行为准则、工作描述、负面活动及其后果。同时还应签订保密协议，杜绝员工离职后泄露组织的秘密信息等行为。

3. 离职

常规情况下，在通知员工离职前就应禁用或删除该员工在大数据平台中的访问权限。如果离职员工仍然可以访问大数据平台中的数据，或者有能力修改、破坏数据和

服务（例如，使用其他员工的用户密码登录），那么必须采取措施限制离职员工的行为，使其无法接触到大数据平台。

员工在日常工作中往往会受到社会工程学攻击（通过与他人合法交流，来使其心理受到影响，做出某些动作或者透露一些机密信息），为了应对这种威胁，应对员工进行信息安全方面的培训，增强员工的信息安全意识。

四、安全维护项目案例

在大数据产品和项目中，安全维护是一项十分重要且贯穿整个生命周期的活动。特别是对于生命周期较长、涉及个人信息、应用广泛的大数据产品，产品功能可以按阶段迭代，但安全维护一刻都不能松懈。由于信息安全的特殊性和重要性，各类大数据产品中的安全维护工作或者说安全维护项目，很少被外包，一般由组织内部的团队实施。

（一）安全维护项目案例说明

2024 年 1 月，公司 A 通过商业分析，决定上线一款大数据应用 B，目的是提供全面和精确的身体健康情况分析服务。用户通过佩戴公司 A 提供的各类传感器进行日常工作生活，1 周后即可在应用 B 上获得详细的身体健康报告。

该大数据应用是公司 A 健康监测产品的组成部分，计划在 2024 年 5 月上线，基本情况如下。

（1）计算和存储能力采用混合云方式，用户直接访问公有云上的系统和健康报告，而详细数据和处理分析则存放在私有云上。

（2）公司已租用网络运营商的点对点专线，连接公司办公室至公有云运营商。

（3）计划部署的大数据组件包括 HDFS、Hive、HBase、MapReduce、YARN、Mahout、Ambari 等。

（4）应用的开发由一个 7 人小组 C 进行，采用 Scrum 的敏捷方式，每两周进行一次迭代。

（5）安全维护工作由公司 A 的信息安全部门 D 负责实施。

（6）公司 A 具有较为完善的信息系统管理和数据治理体系。

（7）公司 A 在 2023 年曾遭遇大量 APT 攻击。

（二）安全维护项目案例分析

医疗及健康行业是大数据处理和分析的一个热点行业，涉及健康数据等个人信息保护要求，因此安全维护工作必须符合法律法规的要求。大数据工程技术人员应从硬件安全维护、网络通信安全维护、大数据组件安全维护、应用开发安全维护、人员安全维护五个方面开展相关工作或者配合组织的信息安全部门开展相关工作。

1. 硬件安全维护

（1）制定合理的公有云上的计算和存储容量要求，并进行监管，以保障用户访问的需求。

（2）制定合理的私有云上的计算和存储容量要求，并进行监管，为大数据处理和分析提供充足的算力资源。

（3）健康报告是从健康大数据中萃取的，体积较小，而公有云上的系统是典型的查询系统，结构较为简单，因此公有云上的备份和恢复的要求中，RTO 较小，RPO 较大；私有云上的备份和恢复的要求中，RTO 较大，RPO 较小。

（4）供应商的 SLA 中应重点强调对个人信息保护的要求，如果出现个人信息泄露事件，供应商应提供全方位的支持，并承担连带责任。

2. 网络通信安全维护

（1）由于采用了点对点的专线方式，并考虑公有云运营商的网络通信安全水准普遍较高，因此网络通信安全维护的工作重点在组织内部。

（2）定期审查组织内部的边界防火墙配置和运行情况。

（3）组织内部应实施网络的逻辑乃至物理隔离，确保只有正式授权的人员才能访问该大数据应用的资源。

（4）部署数据泄露防护系统（data leak prevention，DLP），以便及时阻止内部数据泄露事件的发生。

3. 大数据组件安全维护

（1）部署并使用大数据权限安全框架，以确保实施最小特权原则，提高大数据平台的整体安全性，其中包括 Kerberos 和 Range 等组合。

（2）使用安全基线中的镜像方式进行组件部署，以确保组件的底层安全。

（3）定期检查漏洞报告，并按步骤进行安全补丁的开发。

（4）及时查阅报警和审计信息，一旦出现异常事件，应尽快响应并进行处理。

4. 应用开发安全维护

（1）在大数据应用的商业分析阶段，明确其信息安全要求。

（2）在大数据应用的整个生命周期内，严格执行其信息安全要求。

（3）生产环境应与测试环境隔离，以避免误操作，同时注意保密测试数据，以避免泄露。

（4）正式上线前必须进行渗透测试，且每次迭代后也必须进行渗透测试。

5. 人员安全维护

（1）对团队人员定期进行信息安全培训，以增强他们的信息安全意识。

（2）定期审查团队人员的权限，以避免不当授权和未经授权的升级。

（3）团队发生人员变动时，应及时审查新进人员的背景，并确认他们已签署了保密协议。

（4）团队人员离职时，应进行严格审查，特别是涉及个人信息保护方面的问题。

思考题

1. 试述 CDH 和 CM 升级需要做哪些备份。

2. CM 对 CDH 的版本支持是怎么样的？

3. CM 和 CDH 共有哪几种类型的升级？

4. 试举例 CM 的几种默认角色。

5. 在实验条件允许的情况下，请尝试按照 Cloudera 官方升级文档做一次升级部署。

第二章
大数据技术服务

本章将介绍大数据管理中的技术咨询、解决方案设计，以及指导与培训相关的知识技能，主要围绕大数据战略规划、资源规划、架构设计解决方案的构成及撰写、人才培养计划制订与实施等方面的知识技能展开叙述。

- **职业功能：** 大数据技术服务
- **工作内容：** 技术咨询；解决方案设计；指导与培训
- **专业能力要求：** 能收集目标市场信息，分析行业需求；能配合销售团队进行产品宣讲和解决方案展示；能独立解决客户技术咨询问题并提供技术方案；能参与项目架构设计并提出参考意见；能根据项目需求，在产品功能和技术架构相关技术文档基础上调整输出项目解决方案；能进行产品调研、演示和产品特性讲解；能结合业务情况主导或辅助原型项目交付；能与业务部门合作挖掘客户需求并输出解决方案；能制订技术员、助理工程师对应的人才培养计划；能制作培训资源；能使用培训材料开展对技术员、助理工程师的专业能力培训
- **相关知识要求：** 大数据架构知识；大数据技术趋势知识；大数据行业背景知识；市场营销知识；项目管理知识；大数据技术知识；技术教学知识

第一节　技术咨询

随着政府和企业信息化建设的不断深化，其所积累的数据量也在与日俱增。如何更高效地存储、处理、共享这些数据，并对这些数据的价值进行最大限度的挖掘及利用，已成为这些组织进行数字化转型所必然面临的问题。面对转型路上的坎坷，需要内部专家或外部机构厘清组织业务现状，找到业务问题的关键点，制定解决方案并达成初步共识，这就是技术咨询要实现的目标。

本节将介绍技术咨询所需要具备的基础知识和咨询技能，帮助技术人员在实际工作场景中，结合大数据技术发展趋势、大数据技术咨询范畴和大数据技术框架类型等为客户进行技术咨询服务，以达到技术咨询的目的。

一、大数据咨询岗位及职责

大数据咨询是指在企业数字化建设过程中，结合企业数字化建设需求，负责提供大数据解决方案和咨询服务，以协助企业成功实施数字化转型。大数据咨询岗位需要与客户建立深刻的合作关系，深入了解企业在数字化建设中的核心业务需求，并利用自身沉淀的相关经验，结合大数据分析和相关工具，帮助企业在数字化规划与数字化建设过程中发现和解决问题。

大数据咨询岗位涉及大数据战略体系、大数据基础架构体系、数据治理与管理体系、数据安全体系以及数据分析应用体系等方面的咨询内容，并且在实际工作过程中需要与客户进行深度沟通，因此大数据咨询岗位的主要职责如下。

（1）信息收集与沟通。收集客户所处的市场信息，与客户沟通当前的现状与建设需求，明确核心业务需求和建设目标。

（2）解决方案制定和宣讲。根据客户核心业务需求和建设目标，分析和评估客户的数据环境，为其提供定制的大数据解决方案，并配合销售团队进行产品宣讲和解决方案展示。

（3）架构体系设计。参与制定项目整体架构设计，并结合建设内容提出建设性意见。

（4）技术应用。将大数据基础环境、数据治理、数据分析等技术应用场景与客户需求进行结合，解决客户的技术咨询问题，并设计技术解决方案。

（5）提出战略性的业务建议，为客户的长期成功和竞争优势提供支持。

大数据咨询岗位是一个综合性职位，涵盖基础架构、数据治理、数据分析、业务洞察、技术咨询和客户管理等多方面的工作，因此可以结合岗位的工作经验和工作内容，将大数据咨询岗位分为初级、中级和高级三种不同层次的岗位分级。这些不同层级对岗位的专业能力要求有所不同。

（1）初级能力要求

1）能够收集客户所处的市场信息，分析客户的行业发展趋势及项目建设需求。具备与销售团队协作的能力，协助进行解决方案设计、展示以及技术产品宣讲。

2）能够配合技术工程师解决客户技术咨询问题并提供相关参考信息。

（2）中级能力要求

1）能够根据客户的企业特性，结合市场信息，深入了解客户的行业发展趋势和项目建设需求，并积极与客户进行沟通和探讨。具备与销售团队协作的能力，结合客户的企业特性和项目需求，参与解决方案的设计、展示以及技术产品的宣讲。能够在大数据咨询过程中独立解决客户技术咨询问题，并根据客户问题提供技术方案。

2）能够参与项目的架构设计，并提供有建设性的参考意见。

（3）高级能力要求

1）能够建立目标市场分析模型，根据客户企业特性，结合行业发展情况及项目建

设需求，深度分析客户需求及未来发展战略，并进行客户沟通。

2）具备根据客户需求、目标、发展战略以及技术应用内容，全面制定产品 / 技术解决方案的能力。能独立解决客户技术咨询难题，并提供技术解决方案。

3）能够参与项目架构设计与产品设计，并提出建设性意见。能够与客户的高级管理层进行战略性的沟通。

大数据咨询岗位涉及客户合作与业务理解、数据分析和技术应用、解决方案开发和实施、团队协作与指导，以及在高级岗位上的综合管理和战略规划能力，综合大数据咨询岗位的任职内容和能力要求，大数据咨询岗位应具备如下特性。

（1）客户协作与业务理解。与客户沟通协作，深入理解其业务需求和目标，结合客户现状和发展方向，提供量身定制的大数据解决方案，以优化客户管理决策支撑和业务流程优化。

（2）数据分析和技术应用。熟练运用数据分析工具和编程语言，如 Python、JAVA、SQL 等，进行客户数据应用所需的数据收集、清洗、转换和可视化分析；熟悉大数据技术和平台，如 Hadoop、Spark 等，进行基础环境设计，并运用人工智能技术解决实际问题。

（3）解决方案开发和实施。根据客户需求开发定制的大数据解决方案，并负责项目实施和管理的全过程跟踪，确保项目按照所规划的内容顺利进行和高质量交付。

（4）数据治理业务咨询。关注数据质量和合规性，结合企业管理特点，提供数据隐私和安全保护策略设计，与客户协同合作，建立和改进数据治理框架和流程，形成全生命周期的数据管理体系。

（5）团队协作与指导。协调团队合作，对初级咨询人员提供指导和支持；高级岗位负责团队管理，培养其他咨询师，推动团队的整体发展。

（6）综合管理与战略规划（高级岗位特有）。领导和管理大型数据分析项目，结合客户发展方向制定战略规划，深入分析复杂的数据问题、管理问题，推动数据分析和咨询的创新，确保项目应用的成功实施。

结合大数据咨询岗位的能力要求以及岗位特性，在咨询实施过程中，大数据咨询岗位的主要职责如下。

（1）客户需求分析。与企业和客户进行沟通协作，收集和分析业务需求，对需求进行详细的调研和分析，确定业务目标。

（2）数据战略规划。根据企业发展目标，结合数据应用需求，制定大数据战略规划。

（3）基础架构规划。结合数据战略规划以及数据现状，设计和构建包括数据存储、处理和分析的技术选型，搭建大数据架构，制定解决方案。

（4）数据治理与管理规划。根据数据战略规划、数据现状以及数据应用需求，设计数据管理及治理框架，确保数据的质量、一致性和可用性。

（5）数据安全规划。结合企业内部管理方式和管理现状，对企业数据的隐私和安全风险进行评估，并提出合规性建议，确保数据的安全性和合规性。

（6）数据分析应用规划。结合数据应用需求，规划数据分析的内容、应用场景、使用方式，通过提供数据驱动的洞察和决策支持，帮助客户优化业务流程。

总体而言，大数据咨询岗位在数字化建设中发挥着指导、规划、设计和创新的作用，可以帮助企业更好地利用大数据技术，实现业务增长、效率提升和创新突破。

二、大数据咨询行业发展趋势

2020年，《中共中央　国务院关于构建更加完善的要素市场化配置体制机制的意见》中提出了土地、劳动力、资本、技术、数据五个要素领域改革的方向，明确了完善要素市场化配置的具体举措，并且首次将数据作为生产要素进行改革。2021年，《中华人民共和国国民经济和社会发展第十四个五年规划和2035年远景目标纲要》第五篇明确提出了“加快数字化发展，建设数字中国”以及“迎接数字时代，激活数据要素潜能，推进网络强国建设，加快建设数字经济、数字社会、数字政府，以数字化转型整体驱动生产方式、生活方式和治理方式变革”等相关内容，促进各行各业的数字化建设发展。

随着大数据技术的发展和应用，越来越多的企业认识到数字化建设对决策的制定产生重要影响，并将数据驱动的决策作为业务增长的关键要素。例如，在金融行

业中，各个金融机构对大数据分析和风险管理的需求很高，需要数据科学家、风险分析师和量化分析师等专业人才，处理大规模的金融数据，建立模型和算法，并提供决策支持；在零售和电商领域，企业需要数据分析师和市场营销专家，利用大数据洞察消费者需求、优化销售策略和提供个性化推荐，对其业务所涉及的市场营销规划、客户行为分析、供应链管理优化等环节进行智能应用；在制造业，企业需要工业数据分析师、物联网专家和生产优化工程师，借助大数据分析来提高生产效率、优化供应链和预测设备维护。而大数据咨询人员在各行业的数字化业务开展过程中，需要为项目提供技术战略规划、技术选型与架构设计、数据治理规划、数据分析以及业务应用和创新规划，以帮助企业在数字化建设的过程中平稳、有效地应用这些技术。

与数字经济不断发展形成鲜明对比的是数字人才的巨大缺口和发展不平衡。结合社会环境发展，大数据咨询岗位在金融、制造、医疗健康、零售、交通运输等行业的需求日益迫切。这些行业正在积极推动数字化转型，因此需要大数据咨询顾问提供专业的咨询服务，帮助相关企业制定和实施数字化战略。同时，大数据咨询岗位需要对大数据技术的深入理解，熟悉数据分析和挖掘方法，以及具备出色的业务洞察力和解决问题的能力。在项目建设过程中，大数据咨询岗位还需要具备一定的咨询和项目管理背景，包括对咨询流程和方法的了解，能够与客户进行有效沟通，并进行需求分析和解决方案设计。由于这些要求具有综合性，因此，拥有相关背景和经验的大数据咨询人才相对稀缺。

综合国家发展战略和行业需求情况，大数据咨询岗位在未来的行业中具有较好的发展前景，但对人员的能力有较高的要求：大数据咨询岗位对综合能力的需求将持续增加，除了深厚的大数据技术知识，咨询顾问还需要具备数据分析、业务理解、项目管理和沟通等多学科综合能力，能全面理解客户需求并提供针对性解决方案。随着不同行业对大数据应用的深入理解，大数据咨询岗位将趋向于专业化，咨询顾问需要深入了解特定行业的业务流程、数据特点和行业趋势，能够为企业提供有针对性的咨询服务；此外，随着新兴技术如人工智能、机器学习等的发展，咨询顾问需要不断学习和掌握最新的技术趋势，能够为企业提供更具创新性和更高效的解决方案；随着数据伦理和隐私保护的重要性日益凸显，大数据咨询岗位对数据伦理和隐私保护方面的专业知识和能力的需求将增加，咨询顾问需要了解并遵守数据相关法规和标准，能够为企业提供关于数据隐私保护和合规性的指导。大数据咨询岗位未来的人才需求将更加注重多学科综合能力、行业专业化、新兴技术应用、数据伦理和隐私保护，以及持续的能力提升，如果从业人员有跨学科合作能力，那么在大数据咨询行业中将会有更多的机会。

三、大数据技术咨询范畴

大数据技术体系庞大且复杂，包含数据采集、数据存储、数据资源管理以及数据分析应用等多个技术领域和不同的技术层面，每个方向的大数据技术都有其独特的发展背景。大数据技术咨询的任务主要是基于客户的业务需求及痛点，在大数据技术的体系下，围绕数据的全生命周期管理提供全流程咨询服务。通过咨询的方式，在充分了解客户大数据的现状和需求的基础上，帮助客户设定大数据战略目标，设计符合客户实际情况的大数据体系及大数据架构，制定适合本企业的大数据治理、大数据分析应用的演进路线，帮助客户高效获取数据决策能力与数据价值创新能力，构建数字化转型能力和数据生态，让数据真正驱动业务发展。大数据技术咨询范畴包括大数据战略规划、数据资源规划、大数据系统架构设计、大数据处理与应用、大数据分析与挖掘、大数据平台管理与运维。

（一）大数据战略规划

在大数据时代，数据成为战略资产，是与实物资本和人力资源同等重要的生产要素。数据资本正在影响商业模式，那些善于利用数据的企业将在竞争中占据先机。然而，大数据给企业带来价值的同时，也带来了前所未有的挑战，作为一项系统工程，大数据需要在战略、管理、业务、技术等方面形成合力，以发挥出最大效用。

大数据技术咨询的核心任务之一就是基于客户业务驱动及价值链，识别各业务领域及部门的大数据应用机会与需求，同时，考虑大数据的业务价值与技术实现，结合“自上而下”与“自下而上”的方法，帮助客户制定全面切实可行的大数据战略规划。

大数据战略规划以客户现有及未来战略目标为导向，参考本行业数据应用的最佳实践，采用大数据的视野及思维，引入大数据采集、存储、治理、分析挖掘等技术，提出适合本企业的大数据建设和运营的架构蓝图和演进路线。通过大数据战略规划，帮助客户明晰大数据建设的整体目标、蓝图（包含应用蓝图、数据蓝图、技术蓝图和运营蓝图），并将蓝图的实现分解为可操作、可落地的实施路径和行动计划，有效指导客户大数据战略的落地实施。

（二）数据资源规划

数据和信息作为客户的重要资产，贯穿在客户业务流程和经营管理各环节。客户在数据使用的过程中面临诸多挑战，如不清楚企业有哪些数据、数据存储位置不明确、数据标准不一致、数据质量差、数据共享困难等，这些因素都对数据价值的实现产生重要影响。数据资源规划咨询将基于客户大数据战略和业务现状，针对信息从产生、获取到处理、存储、传输和使用等方面，帮助客户全面规划数据资源，并进行数据架构设计，落地企业规划的主题域、数据分布、数据流向等内容。在总体数据资源规划过程中建立数据管理基础标准，从而为数据整合、数据管理、数据共享、数据分析、数据价值挖掘等奠定坚实的基础。同时制定数据管理策略，帮助客户实现各领域数据的统一接入，构建数据资源目录，采取元数据管理、数据标准管理、质量管理、数据安全管理、数据服务共享等措施，践行数据治理要求，确保客户数据的“干净”“整洁”，实现数据“可见”“可管”“可用”。数据资源规划可采用分工合作、协同推进的组织方式，加强沟通与协调，以确保数据资源规划工作能够在企业层面得以有效实施和落地。

（三）大数据系统架构设计

大数据系统架构设计咨询主要通过调研表、访谈、自动化工具等方式来了解客户大数据系统的现状及业务预期目标，通过分析并评估数据处理流程、大数据技术框架及大数据应用架构，结合客户现状、需求及技术趋势研究、主流技术对比，从硬件平台、数据存储与管理、计算处理、数据分析、可视化、数据安全等方面帮助客户建立大数据架构。另外，对比相关产品优劣势，指导企业大数据平台 / 工具的选型，规划并设计出符合客户业务发展预期的弹性计算、存储、网络、带宽、分析、挖掘等实战架构和解决方案，满足客户基于大数据架构快速构建好大数据应用的需求。

大数据架构设计包括整体架构设计和技术架构设计。通常情况下，整体架构可分为目录管理、数据集成、数据资产管理、数据治理、数据开发、数据分析、数据共享及数据安全。技术架构从下往上依次为数据源层、数据获取层、数据存储层、数据处理层、数据应用层。

（四）大数据处理与应用

随着数据爆炸式增长，不同应用场景下的大数据处理需求在各个行业的细分领域也不断增加，如电商行业中商品的实时推荐业务、金融行业的客服行为分析离线业务、交通行业的准实时预测业务等。因此，针对不同的应用场景，寻求合适的大数据处理框架显得尤为重要。大数据处理与应用咨询服务将从业务需求角度出发，研究现有成熟的大数据处理技术，结合大数据技术生态体系中应对不同需求的技术组件，为客户提出不同应用场景下的大数据处理技术选型与设计指导方案。

在实际应用中，根据数据进入大数据平台后对数据进行处理并对外提供服务的时间周期，一般将业务场景分为三类：实时业务、离线业务和准实时业务，针对这些业务应用场景，相应的大数据技术选型与设计指导方案参考如下。

1. 实时计算应用场景下数据处理框架技术选型

在大数据实时计算应用场景中，需要解决的最关键问题是面对一组顺序、快速、大量、连续到达的数据序列时如何进行实时计算，这涉及的技术主要包括数据快速收集、实时计算和数据存储。实时场景下的主流逻辑框架有 Kafka+Spark Streaming、Kafka+Storm 以及 Kafka+Flink 三种，可针对客户实际业务需求进行选择。

2. 离线计算应用场景下数据处理框架技术选型

大数据离线计算应用场景的业务特点是数据量大，计算复杂，数据来源广。这些场景涉及的技术主要包括数据采集、数据存储和离线计算。根据离线业务的处理流程，主要从数据存储和离线计算两方面进行技术选型。数据存储方面，可根据不同的数据存储场景来灵活选择 HBase、Hive、HDFS 技术路线。离线计算方面，可选择 MapReduce 计算框架或者 Spark 技术框架。

3. 准实时计算应用场景下数据处理框架技术选型

准实时计算应用场景是指数据进入大数据平台后，完成数据的处理时间介于实时处理和离线处理之间的一种应用场景，一般采用以 Spark 为计算引擎的离线数据处理逻辑框架。

（五）大数据分析与挖掘

大数据分析与挖掘在提高企业生产力、实现智能化生产运营、实现智慧化决策、提高资源配置等方面都有非常大的潜力，是推动数字经济的重要因素。大数据技术咨询服务将基于客户痛点和业务需求，帮助客户识别大数据优先应用场景，提供集数据接入、数据处理、数据挖掘、数据可视化、数据应用于一体的大数据分析与挖掘应用解决方案，为客户数据价值发现与应用提供强有力的支撑，帮助客户充分发现数据价值，促进企业数字化转型。

解决方案涵盖了客户数据统一管理与分发、数据建模、数据可视化探索与展示等全流程，为客户建立起数据运营完整闭环，帮助客户通过数据应用能力和数据分析能力的构建，来打造核心竞争力。其中，数据分析能力指的是从海量数据中挖掘数据价值，让数据分析深入企业方方面面，构建企业的数据分析文化，为企业带来更精准深刻的商业洞察。数据应用能力指的是将数据洞察转化为支撑业务的应用，持续发挥数据价值，增强企业数据应用能力，为企业提供自助性分析、预测性和规范性分析等多种分析方法。

（六）大数据平台管理与运维

通过大数据技术咨询为客户提供大数据平台管理与运维方案，帮助客户构建大数据平台管理能力和大数据平台维护能力。其中，大数据平台管理需提供包括资源管理、业务监控、集群监控、客户管理、权限管理、配置管理、日志管理、告警管理等内容的详细技术和实现过程。需要满足集群功能变更需求，制定组件升级及功能迁移方案；需要满足对上线功能进行测试的需求，评估上线可行性，制订上线计划；需要对大数据平台中的各个组件的使用权限进行管理，以满足硬件资源、算法、模型等各种需求。在大数据平台运维方面，需要提供扩容、迁移、灾备、异常故障处理、应急预案及应急响应等方法。具体方法包含但不限于如下需求：能编写脚本，对集群软硬件、组件与服务、作业运行情况进行监控及管理操作；对集群的运行性能、读写性能等指标进行调优；根据故障报告，排查故障原因，处理故障问题，并编写自动化运维脚本；能制订容灾计划，以实现对异常服务的故障转移。

在技术咨询过程中，技术人员需要配合销售团队，面向客户对技术方案或产品方案进行宣讲或汇报，以争取获得客户的认可。汇报与宣讲一般以一对多的灌输形式进行，由演讲者和听众两个主要角色组成。在汇报与宣讲过程中，由演讲者对汇报与宣讲材料进行规划设计，并引导听众参与其中，所以这个过程考验技术人员的演讲和表达能力。在宣讲或汇报过程中，需要配备相关的汇报材料来支撑，结构完整、逻辑通顺、条理清楚、目标明确的汇报材料加上生动的表达方式，有助于技术人员取得宣讲和汇报的成功。

大数据技术方案的宣讲重点包括宣讲与汇报的目的、材料的内容结构设计、现场的表达方式。

第二节　解决方案设计

在实际工作过程中，咨询顾问应先对客户进行技术交流和需求调研。在梳理清晰客户业务现状并总结出其认可的痛点后，咨询顾问需结合大数据相关技术体系及相关行业的最佳实践，为客户提供能切实解决问题并符合实际情况的解决方案。解决方案是与客户达成共识的关键产物，客户对解决方案的认可也是项目得以顺利推进的关键步骤，并且是整个项目获得成功以及客户业务能力提升的关键因素。因此，解决方案设计对项目双方均至关重要。

本节以实际工作中大数据相关解决方案的设计思路及方式方法为核心，主要介绍大数据总体架构、大数据解决方案的构成及相关编写方法，并进行了整体化阐释和场景化复现。

一、大数据解决方案概述

（一）解决方案的定义

通过对客户所描述的现状进行分析，对客户的需求、问题以及期望等进行挖掘，将能够满足客户需求、解决客户问题、实现客户期望的方式整合成为体系化的方案，即为解决方案。

解决方案通常是将客户所描述的抽象的、零散的问题或需求具体转化为实际的应用场景。它通过对问题和需求的规划和设计，确定所需的产品、技术以及配套服务，以此构建解决问题所必需的能力体系。解决方案考虑了解决问题所需的思路、方法、步骤和预期效果等要素，并将其整合成一套体系化的规划设计内容。这些内容可以通过文档、演示、产品和服务等不同形式呈现给客户。

解决方案通常产生于技术咨询环节，与客户进行深入沟通并确认相关信息后，针对客户所需解决的问题出具关键性的成果、文稿、文件、资料、产品等。这些内容旨在展示解决方案的可行性。

（二）解决方案的作用

解决方案在项目中处于承上启下的位置，向上需要将客户的问题具象化，向下需要传递解决问题的思路、理念，向前推进项目。

解决方案基于对客户需求的深度分析，为客户提供成体系的解决方法。在技术咨询的不同阶段，解决方案的作用也有所不同。在项目初期，解决方案可以帮助技术人员确认项目相关信息；在项目中期，解决方案可以帮助技术人员推广技术理念；在项目后期，解决方案可以帮助技术人员传递技术价值。

在项目初期，客户需求还处于比较模糊的状态，对具体的建设场景没有明确的计划，通常只有一些简单的想法和目标。经过技术咨询过程中的引导后，这些想法和目标就需要通过解决方案来确认和落实。例如，客户需要构建大数据平台，用于设备信息的采集、存储和分析，这时技术人员面临以下问题：设备信息的采集方式如何满足当前和未来的扩展需求？如何对设备信息进行科学有效的存储和管理？对设备信息的哪些内容进行分析以及如何分析？技术人员进行规划和设计解决方案的过程，也是对客户意图信息的确认。比如，对设备信息的哪些内容进行分析？技术人员可以结合自身企业的擅长内容，列举出设备故障分析、设备运行态势分析等内容，以供客户选择。客户参考解决方案所提供的分析内容，结合对自身企业现状的了解，选择适合于自身企业的分析内容。最终由技术人员确定解决方案，对客户的真实需求场景进行具体化设计，进而获得认可。

在项目中期，客户对自身需求及所需解决的问题已有所了解，也了解了多家厂商的相关技术内容，客户需要评估各家厂商的特点，筛选出适合自身企业的解决方案。在此过程中，技术人员应根据客户筛选的解决方案提供相应的思路和理念，帮助客户进一步确定解决方案。例如，客户目前调研了 A、B、C 三家厂商，A 厂商擅长数据治理，B 厂商擅长大数据分析应用，C 厂商擅长大数据系统集成。那么，在解决方案的技术理念推广方面，三家厂商的技术人员通常会采取不同的推广策略。比如，A 厂商在解决方案中以数据基础打造为核心，强调项目中数据采集、管理与治理的重要性，将客户的思路引导至数据治理方向；B 厂商在解决方案中突出数据分析应用所带来的成效，以数据分析应用为核心，突出数据分析应用的构建能力，引导客户构建数据分析应用体系；C 厂商在解决方案中突出系统集成建设的重要性，以总体规划、松耦合、扩展性等特性为核心，引导客户采用灵活性、扩展性强，性能均衡的规划方式。三家厂商通过不同方式、从不同角度出发来解决客户问题。解决方案在此阶段的作用就是帮助技术人员将自身的技术理念推广给客户，把客户引导到技术人员所擅长的领域，成功通过筛选。

在项目后期，客户对相关技术内容已经做了筛选，要从多家厂商中选取某一家作为供应商。在此阶段，技术人员要通过解决方案对客户的真实需求、核心痛点进行深入分析，并根据客户需求加以调整，使解决方案独具优势，彰显差异性。所以，在此阶段解决方案能够帮助技术人员在项目比拼中，获得客户的最终认可。

（三）解决方案编写的前提要素

解决方案的核心是解决客户问题，但并不局限于客户的当前问题。此外，解决方案的编写还需要从国家政策、行业发展趋势、技术发展趋势、行业应用实践、客户实际需求以及自身产品功能等角度出发，这样才能全面满足客户需求，使其具备长期的竞争优势。

在国家政策方面，需要掌握国家在大数据方面的政策和战略发展方向，制定符合国家政策发展要求和法律法规要求的解决方案。例如，2020 年 4 月 9 日，中共中央、国务院发布《关于构建更加完善的要素市场化配置体制机制的意见》（以下简称《意见》）。《意见》提出，加快培育数据要素市场，推进政府数据开放共享，提升社会数据资源价值，加强数据资源整合和安全保护。通过对《意见》的解读可以发现，国家已经开始促进数据资源的开放共享，提升数据价值，加强数据整合和数据安全保护。所以，技术人员需要掌握相关政策动向。

在行业发展趋势方面，掌握当前客户所处行业的发展趋势有助于技术人员设计解决方案时能够站在客户未来发展的角度进行规划，以满足客户未来发展需求。

在技术发展趋势方面，技术人员不仅需要提高技术能力，而且应该对方案中所涉及的相关技术发展趋势有所了解。在解决方案的规划设计中，技术人员构建的技术框架、技术路线需要能够为客户提供可持续发展的技术支持服务，以避免在后续应用过程中出现“边拆边建”的情况。

在行业应用实践方面，技术人员编写解决方案前，需要了解并熟知准备规划的内容在行业中的最佳实践，并将最佳实践与当前客户的背景、现状、问题结合起来。利用最佳实践的成功经验，为客户服务。

在客户实际需求方面，技术人员在编写解决方案前，需要将客户零散的需求和问题汇总并进行深入分析，挖掘客户的实际需求和面临的问题，才能够规划出符合客户现状、满足客户需求、实现客户目标的解决方案。

在自身产品功能方面，技术人员必须熟知产品功能和服务内容，结合客户实际需求设计营销推进策略，并对产品功能和技术架构等进行调整，设计出既能够满足客户需求，又能够真正落地的解决方案。

（四）解决方案的组成部分及各部分内容说明

解决方案核心目的是在项目推进过程中得到客户的认可，所以解决方案必须有效解决项目推进过程中客户遇到的问题，满足客户提出的合理需求。以启发、引导的形式，将解决方案核心内容传递给客户，因此完整的解决方案包含项目起因、解决过程、建设结果等内容。组成部分需包括但不限于以下内容：描述政策、行业发展趋势等内容的背景部分；描述客户当前状态的现状部分；帮助客户清楚地认识到当前问题所造成影响的痛点部分；针对客户现状、痛点分析和梳理所得到的需求部分；针对客户需求所规划的解决思路部分；围绕现状、痛点、需求以及解决思路所设计的架构部分；围绕架构所构建的整体建设部分；通过整体建设所能带来的成效部分；与客户情况较为切合的其他客户实践的案例部分，以及行业中的最佳实践部分等内容。

二、大数据解决方案构成

大数据解决方案构成根据不同需求有不同类型，但总体涵盖建设背景、建设现状、痛点、建设意义、建设总体目标、需求分析、建设思路、建设内容、实施方案、案例、最佳实践等部分。

（1）建设背景。在解决方案的设计过程中，背景是解决方案的引子，通常会引用国家政策、行业发展趋势等内容，让客户能对当前所处的大环境、大趋势有明确认知。

（2）建设现状。描述客户当前状态，与建设背景是上下衔接关系，让客户了解在大环境下自身所处的状态。

（3）痛点。结合客户现状，描述客户当前所遇到的困难、问题以及对发展所造成的影响，让客户能够清楚地认识到解决当前问题的迫切性。

（4）建设意义。讲述方案的用途、能解决的问题、带来的好处等。

（5）建设总体目标。描述解决问题的方案以及方案预期实现的目标。

（6）需求分析。主要分析客户的关注点以及客户当前亟待解决的问题。需求分析是整个方案的基调，完善的需求分析会引起客户共鸣，迅速吸引客户，也更容易帮助

客户理解方案的具体内容。完善的需求分析，是好方案的一半。技术人员如果不能全面把握客户需求并进行完善的需求分析，那么设计出的解决方案针对性不强，很难引起客户注意。

（7）建设思路。结合客户的现状、痛点、需求等，提出相关问题的解决思路。这部分是对设计方案的高度概括。

（8）建设内容。对通用大数据应用开发项目来讲，为了让客户了解解决方案的全貌，可以从总体架构、业务架构、应用架构、数据架构、技术架构、部署架构等不同角度进行阐述。总体架构一般用图展示系统整体情况，如智慧物联的解决方案要体现物联体系架构（包含感知层、网络层、平台层、应用层）；业务架构是对业务需求在相应业务领域的描述，对于涉及多个系统功能扩展的项目，需要通过一张主线业务流程图展示涉及的系统和业务内容，比如用于连接这些系统的方式；应用架构描述应用的功能项；数据架构描述数据来源、数据流向；技术架构描述系统各层次使用的技术组件，用以支撑项目建设，可以与总体架构的层次相对应；部署架构体现系统硬件和软件资源部署情况以及管理方式。

（9）实施方案。包括项目开发的具体流程、工作路线，项目团队的组织构成、系统开发的进度安排、系统开发质量的控制保障。

（10）案例。列举与客户背景、现状、痛点、需求等比较切合的其他客户实践，帮助客户更加直观地了解项目建设相关的成功案例，让客户产生代入感，提高对解决方案的认可度。

（11）最佳实践。列举行业中建设效果最好的案例，从技术、产品、服务等多维度展示解决方案能够实现的最终应用效果，以坚定客户的信心。

三、大数据总体架构设计

（一）大数据总体架构的作用

在大数据整体解决方案设计中，总体架构设计是必不可少的一环。大数据总体架构的重要性在于其决定了一个系统的主体结构、宏观特性、基本功能以及在特定业务环境下的特性。如同大型建筑物设计成功的关键在于主体结构，大数据解决方案设计的成功在于其总体架构设计的正确性和合理性。因此，总体架构的设计是整个大数据系统解决方案设计的关键。

总体架构的作用主要体现在解决方案的规划阶段，完善的体系结构是进行系统可行性分析、系统复杂性分析、系统规模分析、风险预测等活动的重要依据。同时，总体架构的作用也可以延伸到大数据设计开发的各个阶段。例如，在需求分析阶段，通过对大数据总体架构进行更加深入和细致的分析，可以更明确地描述系统体系结构，更加准确地表达实际业务需求，提出更有效的解决方法，并建立技术开发人员和业务人员之间需求交互的通道。在技术开发阶段，可以从技术实现的角度出发，根据体系结构的层次和构件粒度的大小设计合适的技术开发方式，从多个维度对系统结构进行进一步细化的分解和描述。

（二）大数据总体架构规划依据

2016 年，全国信息技术标准化技术委员会大数据标准工作组提出了我国大数据参考架构，并于 2020 年发布《大数据系统基本要求》（GB/T 38673—2020）。《大数据系统基本要求》针对大数据解决方案设计，提出了便于理解的架构设计，并在技术和基础设施方面保持独立，为大数据架构设计提供了基本参考点，为大数据系统的基本概念和原理提供了一个总体框架。

大数据总体架构规划需遵循以下原则。

1. 可用性

大数据技术的最终目的是满足上层业务高效可靠运行，因此，在构建总体架构过程中需要保障业务的可用性。为满足这一要求，在设计过程中可以考虑如下几点。

（1）基础设施的高可用。基础设施层的可用性体现在计算资源、存储资源和网络资源的高可用。基础设施层通过交换机的堆叠技术、存储 RAID 等多种方案保障高可用。

（2）应用的高可用。在业务技术方案中要考虑高可用性，不出现单点失效问题。

（3）容灾备份能力。通过数据备份保证主数据丢失时可以快速恢复数据；通过建

设关键应用的容灾系统，保证发生灾难时也能实现业务的可用性，快速恢复关键应用的运行。

2. 安全性

大数据总体架构安全性主要包括网络安全、数据安全、接入安全、主机安全、身份安全和安全管理。安全体系建设是通过技术手段和管理手段协同实现的。

3. 开放性

设计中要特别注意采用开放的平台和方案，主要体现在以下几个方面。

（1）异构原则。总体方案的各层应支持异构平台和不同的供应商。

（2）利旧原则。在基础设施层应支持设备利旧，利用原有的设备构建大数据平台，在资源池中支持不同供应商的服务器、存储器、网络设备。

（3）开放的接口。基础设施层、虚拟化层、平台服务层、运维系统等各层都应该提供开放的接口，便于和第三方系统对接，或者基于这些接口进一步构建新的业务。

4. 扩展性

随着业务数量的不断增长，会出现大数据平台无法满足业务需求的情况。当大数据平台计算能力不足时，应采用增加计算资源的方式扩容，无须对运行的应用停机就能提高应用的处理能力，实现计算能力扩展。

（三）大数据总体框架

通用大数据平台架构包含数据接入、数据存储与计算、数据处理、数据服务与分析、资源调度管理。在架构设计上，一般采用构建架构图的方式对架构进行描述。架构图是一种有效的表达方式，可以形象地展示软件系统的整体轮廓和各个组件之间的相互关系和约束边界，以及软件系统的物理部署和软件系统的演进方向的整体视图。大数据平台总体架构如图 2–1 所示。

（四）通用大数据架构的特点

1. 数据源集成

在数据集成方面，每一种数据来源都有一定的局限性和片面性，只有融合、集成各方面的原始数据，才能反映事物的全貌。事物的本质和规律隐藏在各种原始数据的

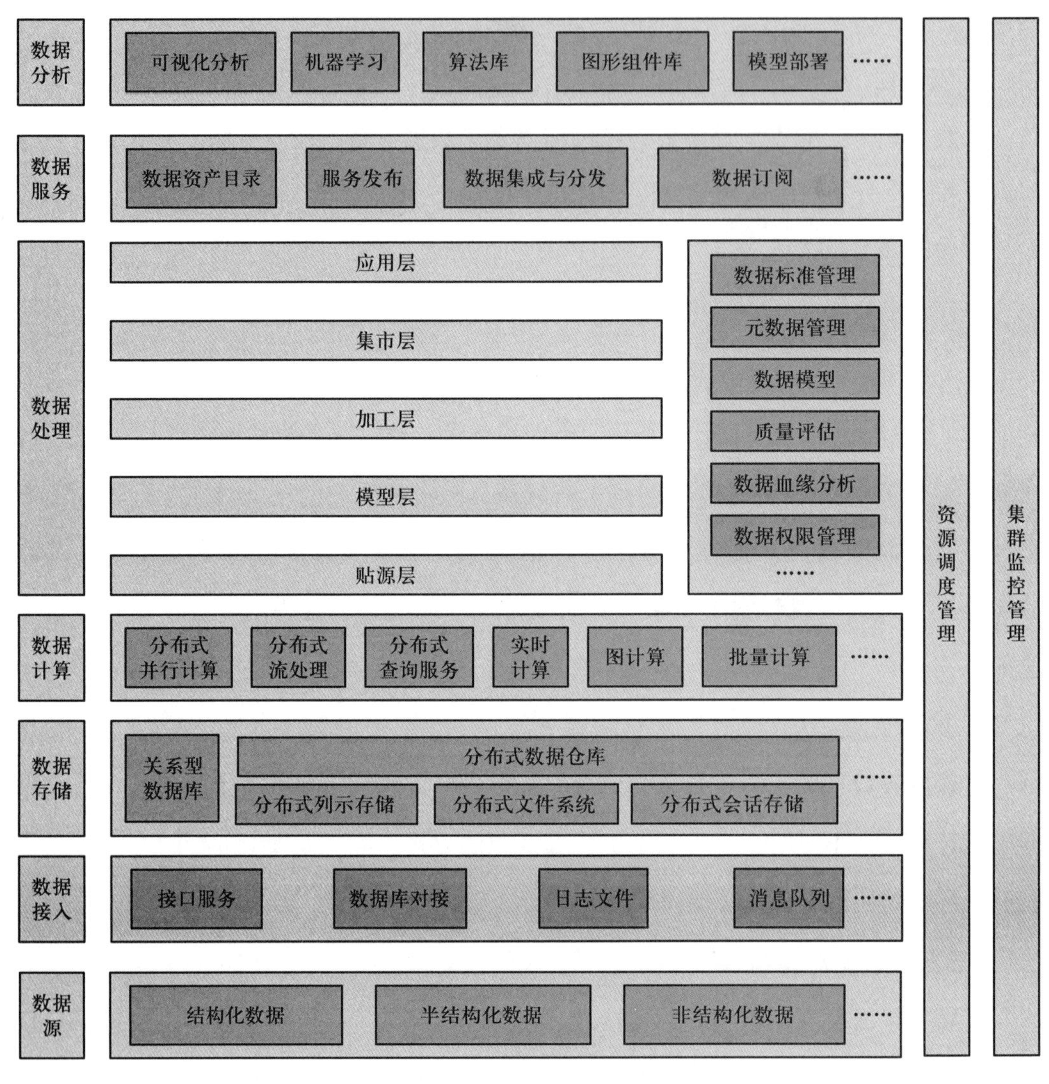

图 2–1　大数据平台总体架构

相互关联之中。不同的数据可以从不同角度描述同一个实体，对同一个问题，不同的数据能提供互补信息，有助于对问题的深入理解。在大数据分析中，尽量汇集多种来源的数据是关键。因此，大数据架构在数据源集成方面应支持结构化、非结构化数据接入以及不同形态的数据对接方式，如音视频文件、业务数据库表、采集监控数据或外部接口数据等。

2. 数据接入方式

支持多种数据源汇聚到大数据平台。通过抽取 – 转换 – 加载 (extract–transform–load，ETL）实现各种业务数据库的结构化数据之间及分布式数据仓库之间的数据迁移。通过 Flume 服务实现采集监控文件并实时接入大数据平台的效果。通过各种自定义应用接口程序实现音视频文件或监控数据的接入。

3. 存储模型

具有非结构化、半结构化、结构化数据的存储功能，具有多源数据接入存储功能。支持多种存储模型，包括对象存储系统 MinIO、分布式文件系统 HDFS、分布式 NoSQL 数据库 HBase、分布式数据仓库 Hive、MPP 数据库、时序数据库 IoTDB、关系型数据库等。

4. 数据计算引擎

具有流计算和批量计算功能，支撑不同业务场景的数据计算要求。使用基于分布式内存框架的 Spark SQL，具有以结构化查询语言（structured query language，SQL）的方式对数据进行处理的功能，使数据处理变得更方便。具有 MapReduce 分布式处理的能力，支持自定义各种数据处理方式。根据场景选择适合的数据处理方式，可应对多变的需求场景。

5. 数据处理能力

具有事务型处理、多维分析、挖掘分析、即席查询的数据分析处理能力。关系型数据库能够有效保证数据一致性，支撑面向业务操作的事务型处理要求。分布式分析型数据仓库 Kylin 具有可扩展的基于大数据的分析能力，支持多维分析，对于确定指标、维度的分析都有良好的表现，具有高并发、高性能的特点。Spark MLlib 具有分布式数据预处理、特征提取和模型训练的功能，使机器学习技术在海量数据上得以应用，扩大挖掘分析的数据处理规模。分布式查询引擎 Presto 适用于交互式分析查询。

6. 资源调度管理

资源调度平台（yet another resource negotiator，YARN）负责为运算程序提供服务器运算资源，具有较强的扩展性、可用性、可靠性、向后兼容性，并能支持 MapReduce、

Spark、Flink 等不同分布式计算程序调度的运行。YARN 还提供了多种资源调度模式，以适应不同的生产环境。

7. 集群监控管理

集群监控管理工具如 Cloudera Manager，具有集群自动化安装、中心化管理、集群监控、报警等功能，使得安装时间从几天缩短到几小时，运维人员从数十人减少到几人，极大地提高了集群管理效率。

8. 数据服务

不同的行业和业务在数据服务方面的要求有所不同，一般而言，基础的数据服务方式包括数据资产目录、数据集成与分发、数据订阅等，可结合解决方案所属行业以及目标客户的实际需求进行调整。

9. 数据分析

数据分析可以利用数据分析工具、手段、方法或思维，从海量数据中发现规律，体现数据价值，以描述现状、解释原因并对原因进行归纳总结，进行多方位思考。同时，也可以利用机器学习等技术进行数据挖掘和探索，进行有针对性的数据预测，最终通过支撑和影响决策，实现数据价值的高度利用。

四、解决方案编写方法

解决方案编写方法包括确定目标、客户分析、聚合观点及路径规划。

（一）确定目标

为了说服客户，首先需要确定目标，也就是需要明确用什么观点和理念去说服客户。

这就需要基于不同的视角确定当前观点。比如，在业务视角下，目标就是让客户承认其痛点，并且激发其需要解决方案的迫切性。再如，在实现视角下，目标就是让客户认可解决方案的提供者拥有足够的能力实现此解决方案。

在摆出观点的同时，需要给出足以佐证观点的依据，比如解答以下问题：当前痛点造成的业务影响有多大？具体数字是多少？做了这项改进可以取得多大的效果？会有怎样美好的未来？

（二）大数据平台建设方案

1. 部署方案

本方案推荐的技术架构基于 Hadoop 生态体系，并加入其他分布式组件进行提升。本方案建议的数据分析平台，支持公用云、物理机集群、混合云等部署方案。本方案包含的技术架构，可以采用公用云、物理机集群、混合云中的任意一种，一个基本出发点是需要有效利用现有的机房和设备资源。

2. 平台架构

本方案中的大数据平台是一个底层平台与分析服务结合的大数据平台，提供了包括数据集成、数据存储、数据计算、数据分析、数据应用、数据可视化在内的一整套解决方案，如图 2-2 所示。

3. 数据源支持

数据源支持来源包括结构化数据和非结构化数据两大类数据。结构化数据主要包括任一关系数据库的表结构数据、任一有统一格式的文本文件或者序列化文件。非结构化数据主要为具有一定固定格式同时又包含一些非结构化文本的数据，如访问日志文件、服务器日志等。同时根据时效性，其又分为批量的和实时的，其中实时的非结构化数据以流数据为主。非结构化数据主要包括文档（PDF、Word、Excel 等）、图片（JPEG、GIF、TIFF 等）、语音（MP3 等）、视频（AVI 等）。

4. 数据集成

大数据平台提供了针对不同类型数据源的数据集成方案，具体如下。

（1）关系数据库。平台提供了基于 MapReduce 的大数据工具 Sqoop，可以分布式地将关系数据库的数据抽取到数据平台上，支持抽取整个库、单个表或者指定 SQL 语句多种方式，支持 MySQL、Oracle、Sybase、SQL Server 等多种主流数据库。同时，平台也提供了 Java 数据库连接（Java database connectivity，JDBC）方式，让数据可以实时写到大数据平台。

（2）文本文件。针对文本文件，平台提供了基于磁盘的拷贝（数据放在共享目录、FTP、NFS 等情况）、基于 HDFS API（提供从不同源头读取文件到 HDFS 的 JAVA API）等多种方式实现数据集成。

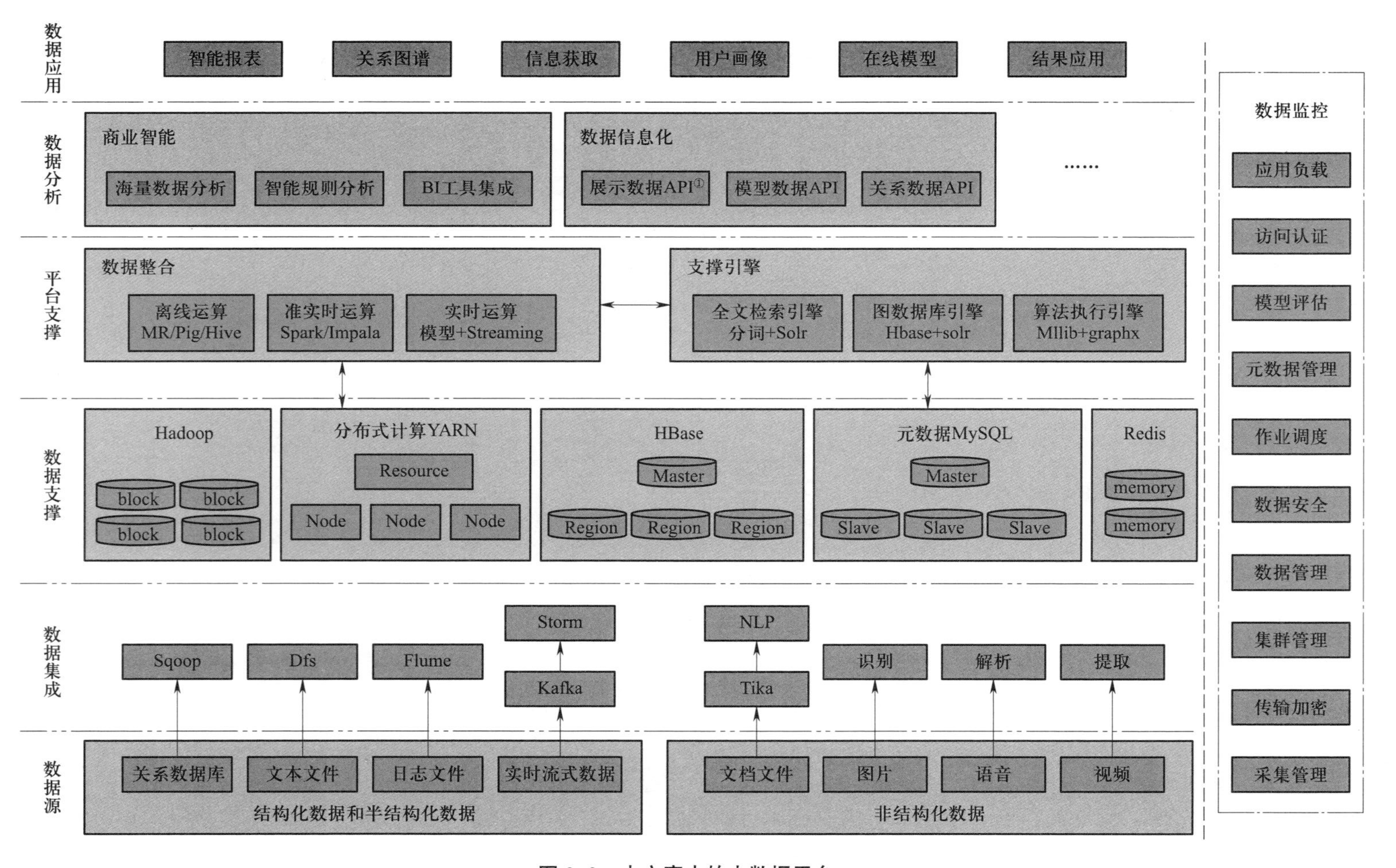

图 2-2　本方案中的大数据平台

① API 全称为 application programming interface，中文名称为应用程序编程接口。

（3）日志文件。针对定期采集的日志文件，平台采用了跟大数据平台紧密结合的日志采集工具 Flume，该工具提供了与共享数据源、FTP 等数据源关联的接口，也提供了将采集进来的数据做二次处理的管道，还提供了将结果接到大数据平台下的通用配置接口。

（4）流式数据。为了更好地整合流式数据，平台提供了分布式消息队列 Kafka。基于主题对信息进行订阅，并将结果应用于流式框架进行在线计算，最后将结果写入大数据平台，以保证数据处理的实时性。

（5）文档。大数据平台提供了基于"Tika+NLP"结合的方式来处理文档文件。Tika 是一个内容抽取的工具集合，能够自动检测各种文档（如 Word、PPT、PDF、CSV、HTML 等）的类型，并抽取文档的元数据和文本内容。其集成了现有的文档解析库，并提供了统一接口，使针对不同文档的解析变得非常简单。自然处理语言（natural language processing，NLP）具有中文分词、词性标注、语义分析、指代消解、主题提取、命名实体提取、内容摘要、情感分析、文本分类等功能。

（6）图片。大数据平台本身只具有对图片元数据记录和图片存储的功能。关于图片的识别，需要与第三方进行合作。

（7）录音。大数据平台本身只具有对录音元数据记录和录音存储的功能。关于录音的解析，需要与第三方进行合作。

（8）视频。大数据平台本身只具有对视频元数据记录和视频存储的功能。关于视频的提取，需要与第三方进行合作。

5. 数据支撑

数据支撑是为整个大数据平台提供数据存储和数据计算能力的基础层。

（1）数据存储。在数据存储方面，大数据平台提供了以下几个环节的存储服务。

1）HDFS 作为整个平台数据存储的基础，其高容错率、横向扩展、高吞吐率等优势，为数据存储提供了高保障；同时，HDFS 具有访问调度和自动故障转移功能。

2）以 MySQL 集群作为整个大数据平台数据访问的元数据入口，保证了大数据平台下各种应用数据的正常访问，如整个大数据的管理平台、Hive 元数据管理、调度作业管理。此外，MySQL 为整个平台的事务性操作提供支撑。

3）在 HDFS 基础上，大数据平台提供基于列存储的 HBase，在保证数据容错的基础上，具有海量数据的实时查询访问能力。

4）提供了基于 Redis 的内存访问，为需要实时、频繁获取的数据提供了快速访问。

（2）数据计算。在数据计算方面，大数据平台统一采用 YARN 作为整个资源调度的框架，其为系统各个环节的数据计算提供了资源调度的基本保障，保证了整个大数据集群资源的合理利用和调度。

6. 平台支持

平台支持包括数据运算和数据处理引擎两大部分的内容，起到了连接数据源和数据应用的桥梁作用。数据存储到大数据平台以后，需要借助各种类型的运算工具，将数据整合成实际应用需要的数据形态或者标准化的数据仓库。同时，需要将计算好的数据存储起来。

（1）数据运算。数据运算具有以下三种能力。

1）离线计算能力。提供了 MapReduce、Hive、Pig 等工具，可以读取磁盘数据，将数据切分到各个计算服务器上并进行分布式计算，最终合并成最终结果。离线数据具有 PB 级别的数据处理能力。

2）准实时计算能力。准实时计算是基于内存的计算，所能够处理的数据级别与计算节点提供的内存直接相关。平台提供两种内存计算工具，一种是完全基于 SQL 语句的 Impala 框架；另一种是基于 Scala 可以编写分布式的计算代码、也可以使用 SQL 语句进行计算的 Spark 框架。

3）实时计算能力。实时计算能力分为两种情况，一种是基于 Spark Streaming 的简单逻辑计算能力，另一种是建立在在线模型基础上、将模型缓存到内存中、使新增数据只要跟模型进行比对就可以快速完成的计算能力。

（2）数据处理引擎。大数据平台除了具有基本的数据运算能力，还提供了以下三种类型的数据处理引擎。

1）全文检索引擎。大数据平台提供了基于 SolrCloud 的全文检索方案，为大数据应用提供全库数据的快速搜索服务。除了支持 Lucene 标准查询语言进行全文检索，SolrCloud 还具有以下功能。

①具有中文分词器配置、维护索引、查询索引、高亮显示、拼写检查、搜索建议、分组统计、自动聚类、相似匹配、拼音检索等功能。

②提供高性能查询缓存服务，优化查询缓存命中率后，能极大提高查询效率。

③支持多种中文分词器，包含 mmseg4j、IKAnalyzer、Paoding 等多个著名的开源或商业化分词组件，通过配置可以改变分词行为，同时支持自定义词典、同义词。

2）图数据库引擎。针对图数据库，平台采用基于 HDFS 作为底层存储、HBase 作为格式存储、SolrCloud 作为快速检索的存储方案，在引擎层搭建叫作 Titan 的图数据库引擎。Titan 中存储的数据为节点和边，并可以描述节点和边的属性。

3）算法执行引擎。算法执行引擎提供了丰富的算法与业务模型支撑。引擎采用 Spark 分布式计算框架，建立了丰富的机器学习算法库及客户业务模型，既包括离线的分析模型，也包括实时的预测模型。算法执行引擎提供了一整套的模型解决方案，涵盖了数据挖掘的全流程，如图 2–3 所示。

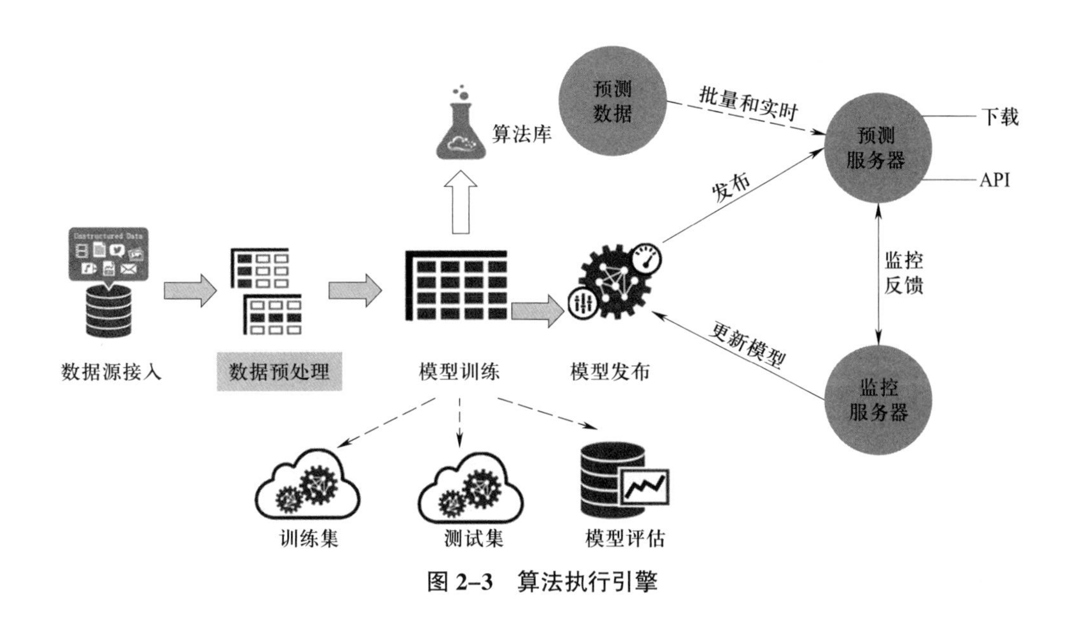

图 2–3　算法执行引擎

7. 数据分析

在数据分析层面，平台主要为最终的数据应用提供数据服务，主要包括：

（1）基于 SQL 语句或者计算规则为数据提供商业智能应用。

（2）具有基于机器学习、关系图谱、自然语言各种类型的机器分析能力。

（3）提供最终需要进行数据展示的 API。

8. 数据应用

平台的数据应用以客户画像为重点。客户画像是一种通过标签描述客户的方式，如通过标签描述客户的身份属性、社会属性、行为爱好、购买习惯、社交关系等，从而通过基本的客户信息获取、客户标签报表、客户关系网络来详细展示一个客户。同时，基于精确的客户画像，结合一定的业务模型，可以为客户的未来行为构建预测模型，并建立与业务对应的精准推荐产品库（可以是自建的方式，也可以是直接与终端客户进行 API 访问的方式）。

9. 平台组件概览

大数据平台的组件架构如图 2–4 所示。

大数据平台以 Hadoop 2.x 为基础进行设计、开发和构建，专门为企业数据处理的需求而设计。核心是提供线性扩展存储且提供不同实时性需求层次的访问方式，搭建一个实时的、有容错能力的数据处理和分析平台。

平台至少包含如表 2–1 所示的功能组件，运用这些组件，可以根据不同的业务场景，为客户进行定制的大数据产品研发。

（三）硬件投入

由于存在不确定的计算频率，因此，以下硬件投入在假设条件下进行估算（此假设符合此规模数据下的估算）：

（1）现有数据量：7.5 TB。

（2）每年增量：2.5 TB。

（3）计算作业：约 1 000 次 / 天。

（4）每天扫描数据量：500 GB。

硬件投入参考方案见表 2–2。

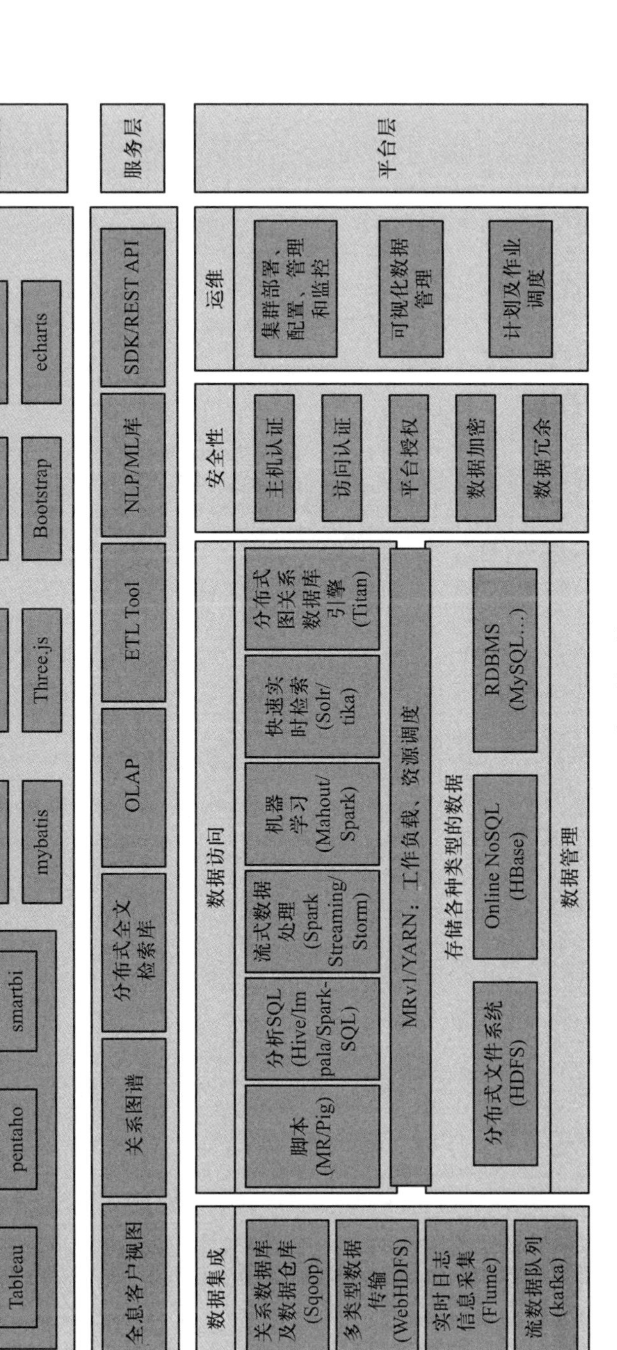

应用层
BI工具集成
Tableau
pentaho
smartbi
Spring MVC
mybatis
D3.js
Three.js
HTML5
Bootstrap
jquery
echarts
服务层
全息客户视图
关系图谱
分布式全文检索库
OLAP
ETL Tool
NLP/ML库
SDK/REST API
平台层
数据集成
关系数据库及数据仓库(Sqoop)
多类型数据传输(WebHDFS)
实时日志信息采集(Flume)
流数据队列(kafka)
数据访问
脚本(MR/Pig)
分析SQL(Hive/Impala/Spark-SQL)
流式数据处理(Spark Streaming/Storm)
机器学习(Mahout/Spark)
快速实时检索(Solr/tika)
分布式图关系数据库引擎(Titan)
MRv1/YARN：工作负载、资源调度
存储各种类型的数据
分布式文件系统(HDFS)
Online NoSQL(HBase)
RDBMS(MySQL...)
数据管理
安全性
主机认证
访问认证
平台授权
数据加密
数据冗余
运维
集群部署、配置、管理和监控
可视化数据管理
计划及作业调度

图 2-4　平台组件架构

表 2-1 平台的功能组件

层面	组　件
数据集成	基于 Sqoop 的结构化数据提取工具包
	基于 Flume/Kafka/Storm 的流式数据处理引擎
	分布式数据服务 WebHDFS
高可用分布式数据存储	分布式文件存储 HDFS
	分布式 NoSQL 数据库
	分布式索引存储
分布式计算及实时交互式查询	分布式计算调度引擎，同时支持 MRv1 和 YARN
	基于 Spark 的分布式计算引擎
	基于 Solr 的分布式全文检索引擎
	基于 HBase 的海量数据实时查询引擎
	基于 Titan 的分布式图检索引擎，应用于社交关系网络计算
	基于 Spark GraphX 的分布式图计算工具
	交互式分布式 SQL 查询引擎
	基于 MDX 标准的多维数据分析建模引擎
可视化	定制的大数据应用站点 Web 站点（含多维数据报表可视化、检索等）
	可视化集群部署 Web 站点
	可视化的数据作业任务调度 Web 站点
	可视化集群监控 Web 站点
机器学习	基于 Mahout 的分布式机器学习算法引擎
	基于 Spark MLlib 的内存分布式机器学习算法引擎

表 2–2　　硬件投入参考方案

服务节点名称	服务节点描述	部署平台	配置
NN/RN	大数据处理平台管理节点	PC 服务器 3 台	2 路 x8 核 CPU,256G 内存，操作系统 SAS 500Gx4 RAID10,1Gx2Bonded 网卡
DataNode/ RegionServer 节点	大数据处理平台数据节点	PC 服务器 30 台	2 路 x8 核 CPU,256G 内存 , 操作系统 SAS 500GX2 RAID1，磁盘 SATA 1TBX12 JBOND,1Gx2Bonded 网卡
全文检索节点	大数据应用检索节点	PC 服务器 10 台	2 路 x8 核 CPU,256G 内存 , 操作系统 SAS 500GX2 RAID1，1Gx2Bonded 网卡
内存数据库节点	内存数据库节点	PC 服务器 5 台	2 路 x4 核 CPU,32G 内存 , 操作系统 SAS 500GX2 RAID1，1Gx2Bonded 网卡
采集节点	数据接入采集节点	PC 服务器 10 台	2 路 x4 核 CPU,32G 内存 , 操作系统 SAS 500GX2 RAID1，磁盘 SATA 2TB JBOND，1Gx2Bonded 网卡
Web 应用节点	Web 应用节点	PC 服务器 10 台	2 路 x4 核 CPU,32G 内存 , 操作系统 SAS 500GX2 RAID1，1Gx2Bonded 网卡

（四）平台网络部署

平台网络部署分为大数据集群、数据访问层（可选）和外网访问层（可选）三个部分的内容。大数据集群主要包括整个 Hadoop 集群的管理节点和计算节点的部署，以及元数据服务、管理服务、搜索服务、调度服务、图数据库服务等的部署。平台的整体网络部署如图 2–5 所示。对整个平台的网络部署建议如下：

（1）建议环境允许的情况下，Hadoop 集群部署在单独的局域网内，使用万兆的网卡和万兆的交换机。

（2）建议大数据环境跟外部环境要物理隔离，可以通过开放端口和 REST API 的方式提供外部访问服务。

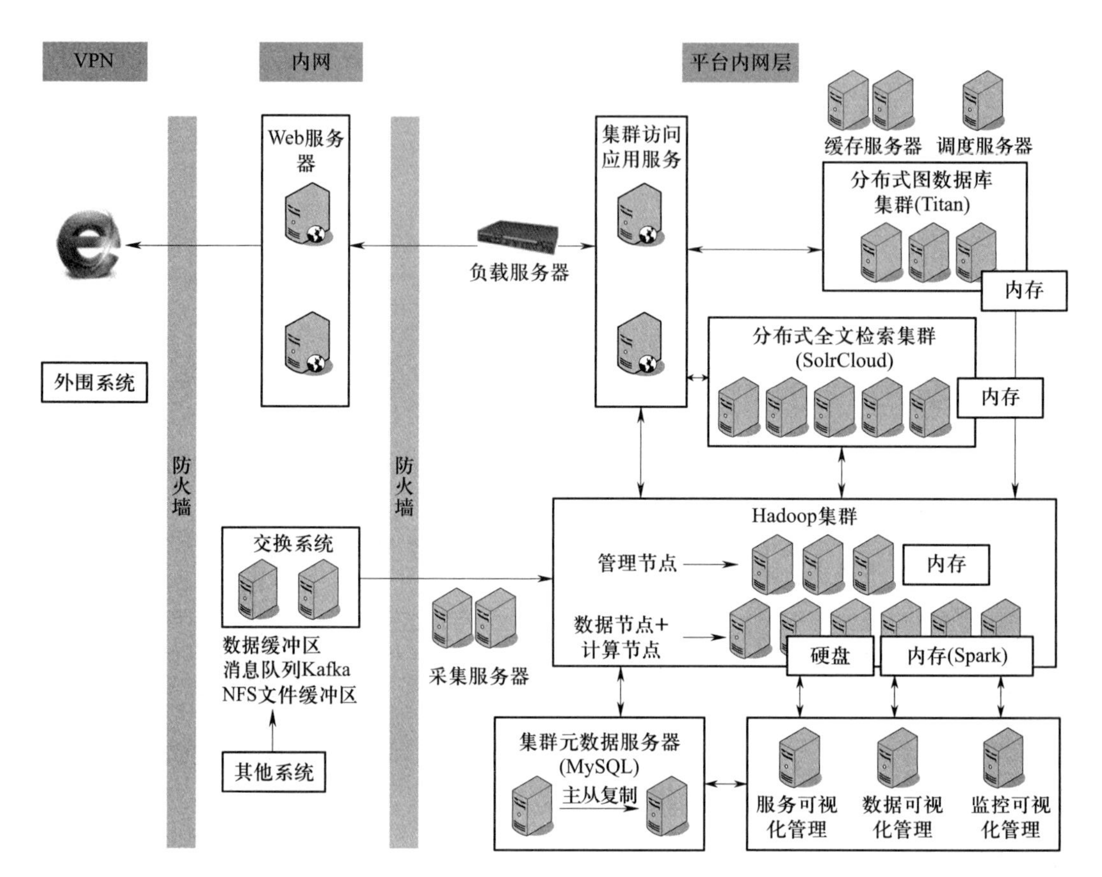

图 2–5　平台的整体网络部署

（五）系统管理

大数据平台提供了完整的可视化管理解决方案，见表 2–3。

表 2–3　大数据平台的管理内容

分类	管理内容
系统管理	客户管理
	系统设置
	权限管理
主机管理	主机配置浏览（内存、磁盘）
	主机检测
	主机配置浏览
	主机新增、修改、删除

续表

分类	管理内容
集群管理	新增、修改、删除集群
	集群配置
	集群组件添加
	集群组件配置、分发
	集群组件操作：停止、启动、重新
	集群组件配置关联、配置下载
监控管理	整个集群性能指标监控
	集群中各个组件指标监控
	作业调度运行情况监控
日志或事件	服务器日志查询
	集群中各个组件日志查询
	服务器事件查看
组件管理	Flume、YARN、HDFS、HttpFS、HBase、Hive、Oozie、Pig、Sqoop、Zookeeper、Impala

第三节　指导与培训

培训是知识与技能的传递方式。培训者通过知识凝练和实践总结，形成知识体系，引导、鼓励、监督学习，并传播知识、传授技巧、提升技能，构建大数据人才培育的生态体系。

本节基于大数据人才培养的目标，针对大数据处理、大数据分析、大数据管理三个职业方向，聚焦大数据采集、清洗、分析、治理、挖掘等技术研究，形成大数据知识体系。同时，围绕人才培养大纲、培训计划制订、培训资源开发与制作以及专业能力培训，形成大数据人才指导与培训体系。

一、大数据人才培养计划

（一）大数据人才培养

1. 大数据人才现状及新职业标准

随着大数据、人工智能、移动互联网、云计算、物联网等信息技术产业日新月异的发展，信息传输、存储、处理能力快速提升，导致数据量呈指数型递增。传统简单抽样调查分析已无法满足当下对数据时效性、海量性、精确性的需求。大数据的出现，改变了传统数据收集、存储、处理、挖掘的方式，数据采集方式更加多样化，数据来源更加广泛化，数据处理方式也由简单因果关系转向包含丰富联系的相关关系。同时，大数据还能基于历史数据分析，进行市场预测，从而促成决策。

当前，大数据人才供应无法满足大数据领域相关新兴技术的应用需求。近年来，高校和社会培训机构成为大数据人才培养的主要阵地。在高等教育层面，大数据相关的学科专业建设还很薄弱，制约大数据人才的培养及输出。大数据人才队伍建设亟待加强，要建设多层次人才队伍，建立适应大数据发展需求的人才培养和评价机制。必须大力加强大数据人才培养，整合高校、企业、社会资源，推动建立创新人才培养模式，建立健全多层次、多类型的大数据人才培养体系。

为推动实施人才强国战略，促进专业技术人员提升职业素养、补充新知识新技能，实现人力资源深度开发，推动经济社会全面发展，根据《中华人民共和国劳动法》规定，人力资源和社会保障部联合工业和信息化部组织有关专家，制定了《大数据工程技术人员国家职业技术技能标准》（简称《标准》）。《标准》坚持“以职业活动为导向、以专业能力为核心”的指导思想，在充分考虑科技进步、社会经济发展和产业结构变化对大数据工程技术人员专业要求的基础上，以客观反映大数据技术发展水平及

其对从业人员的专业能力要求为目标，对大数据工程技术人员的专业活动内容进行了规范细致的描述，明确了各等级专业技术人员的工作领域、工作内容以及知识水平、专业能力和实践要求。根据《标准》，大数据工程技术人员是指从事大数据采集、清洗、分析、治理、挖掘等技术研究，并加以利用、管理、维护和服务的工程技术人员，具有较强的学习能力、计算能力、表达能力及分析、推理和判断能力。《标准》的制定和执行，将有助于培育一批具有相对成熟的职业技能、能够快速弥补需求缺口的新型大数据职业人才。

2. 大数据人才职业发展

大数据开辟出了一个新的价值领域，整个价值领域的核心就是数据价值化，而大数据技术则是围绕数据价值化而进行的一系列操作。所以要想成为一名合格的大数据人才，不仅要培养自己的大数据思维，而且要掌握一系列能实现大数据价值化操作的技能。大数据行业是新兴行业，目前对学历要求比较高，受教育程度应为大学专科学历（或高等职业学校毕业）。专业来源大致包括数理类、经济管理类、计算机类及其他专业。

从企业端的现实需求角度看，企业需要大量复合型人才，即能够对数学、统计学、数据分析、机器学习和自然语言处理等多方面知识综合掌握的人才。从企业运营管理方式的角度看，运营方式变化要求运营人员提升运营前准备、运营中把握、运营后反馈/修正的能力，提升预见能力和掌控能力。而随着数据量的不断激增，各类数据管理平台、数据架构、数据中台、数据中心不断发展，具备管理能力、战略思维且理解技术原理的管理型人才也日益紧缺。应对这种职业分布和需求现状，大数据工程技术人员的专业技术等级共设初级、中级、高级三个等级。其中，初级、中级分为三个职业方向：大数据处理、大数据分析、大数据管理。从岗位职责的角度看，大数据人才相关岗位包括数据分析师、挖掘工程师、深度学习/算法/机器学习工程师、大数据开发工程师、大数据架构工程师、大数据运维工程师、数据可视化工程师、数据采集工程师、数据库管理员、数据运营经理、数据产品经理、数据项目经理、大数据销售工程师、数据管理工程师等。

目前，长期从事数据库管理、挖掘、编程工作的人，包括传统的量化分析方面的工程师，以及需要运用数据进行判断决策的管理者，经过学习和培训之后符合职业标准的，均可成为大数据工程技术人员。

3. 大数据人才培养的知识体系

（1）注重显性知识。首先，专业被定义为通过专门培训建立的一种学问，目的是向他人提供客观的建议和服务。其次，专业人员是集专业精神和职业道德于一体、具备系统化知识与领域思维模式的特定人群。最后，这些专业人员的集合构成了一种职业群体，最终演化成新职业。

在专业诞生并发展成为新职业的过程中，作为职业基础的是知识管理，即创造、发现、整理和编撰知识，以便在需要的时候能够找到并对外传递、传授与共享。知识分为三种类型：意会知识、隐性知识和显性知识。意会知识来自个人经验，储存在大脑中。这是最难掌握的知识类型，它基于经验和直觉。隐性知识是一种没有被记录但可能存在的知识，它通常融入组织的文化和运营中。显性知识则构成了知识管理和传承的基础。显性知识是以某种方式被记录、分类、标记和整理，并容易被发现的一种知识，这类知识更容易存储。知识管理涉及的技能包括创建、整理、组织、分享、利用，使显性知识保持更新并富有价值。

随着显性知识不断丰富、更新，学习、掌握并使用这些显性知识的人就成为该领域的专业人员。在大数据人才培养过程中，大数据工程技术人员通过初级专业教育、培训、认证以及实训等方式掌握与专业相关的知识和技能。大数据工程技术人员随着工作经验的不断丰富以及继续参加教育，形成了特殊群体。这一特殊群体具有统一的道德准则和职业责任，也就形成了一个新的职业。

（2）大数据思维与数据语言培养。思维是一个人的职业烙印。大数据工程技术人员需具备大数据思维，能够将采集到的经验与现象实现数据化与规律化。在应用传统的统计学、计算数学、人工智能、数据挖掘等方法的基础上，从单一维度转向多维度统筹融合，探索寻找规律的新方法。

大数据思维的方式和要点见表 2–4。

表 2-4　　大数据思维的方式和要点

方向	思维方式	要　点
大数据处理	全样思维	全样大数据的分析和处理、巨量数据的处理和使用
	容错思维	允许数据的偏差、异常，但控制纠错成本
	相关思维	关注数据的相关性、协同性，辅助数据要素、价值思维
	质量思维	关注数据标准化、高质量数据期望、数据度量指标
	流批一体思维	大数据处理的敏捷性、时效性和完整性，特别关注数据价值链
大数据分析	逻辑思维	具有较强的逻辑能力，善于分析数据之间的关系
	上切思维	站在更高的层次、自上而下、不同角度且完整地进行数据分析
	下切思维	从数据构成的角度出发，追求细粒度、超细粒度数据挖掘与分析，严谨地向下细分
	求异思维	对海量数据进行相似分析、差异分析
	抽离思维	面对数据问题，抽离信息技术，植入业务思维，换位思考，站在更多角度分析问题
大数据管理	驱动思维	数据驱动、业务驱动、价值驱动、战略驱动
	战略思维	植入大数据战略、业务战略、企业战略，并持续性实施战略监督
	全局思维	企业全局观，关注企业架构、全局策略，全局的组织管理，全量数据探索、分析、处理和管理
	整合思维	数据整合指引，数据的集成、融会贯通与互操作
	治理思维	明确的治理目标、制度和策略，通过计划、监控和实施，引导“做正确的事”

大数据人才具备大数据思维，有助于养成统一的数据语言习惯。数据语言不仅是数据分析、处理和管理的编程语言，还特别指向企业内部技术人员与业务人员进行沟通的统一数据用语和交流语言。显然，数据语言与数据创建和数据表示相关，不但是企业数据文化和战略的组成部分，而且是新职业的重要表征。具有数据

思维和数据语言习惯的大数据人才，并不一定要掌握所有的技术，但必须做到一专多能，可以很快掌握新技术并应用于实践。同时，大数据思维也能贯穿于不断学习和进步的过程中，不断优化的数据语言有助于新职业人群更新和丰富知识体系。

（3）构建大数据知识体系。知识体系（body of knowledge，BOK）是 2016 年公布的管理科学技术名词，是描述特定专业知识总和的概括性术语，如项目管理知识体系、数据管理知识体系、商业分析知识体系等。基于此，大数据知识体系也可称为 DATABOK。随着知识和技术的更新与发展，知识体系也随之迭代。知识本身的非体系化特性使得构建知识体系的关键在于如何把无序的信息转化为有序的知识。在大数据领域，信息庞杂，技术和知识更新快，使得数据领域的知识体系很难快速构建。而知识体系的演化过程具有随机性和复杂性，所以需要用系统、完善的方法和工具解决这些问题，实现知识高效吸收与应用。

大数据知识体系是对大数据处理、分析和管理所需知识、技能和工具的概括性描述。构建大数据知识体系，一般需要三个步骤。一是收集、整理和内化理解启发性知识，即显性知识，包括理论知识和实操技能。二是建立大数据知识框架，如依据标准编写的大数据工程技术人员初级、中级、高级教程。三是形成知识体系，即在各种知识点的基础上，形成系统性的知识领域，使新职业人群掌握、理解和使用。大数据人才分布到各个岗位后，知识体系就成为指导实践、更新知识内容、重新组合知识材料、实现资源配置的基础。

从大数据人才培养的角度来看，构建知识体系的关键前提是获取知识，并对已获取的知识进行筛选和整理。为了让知识体系的构建更迅速并将知识汇编成教材，可以通过培训等知识传播方式，让大数据知识得以快速分享、接收和应用。

大数据知识体系构建流程如图 2–6 所示。

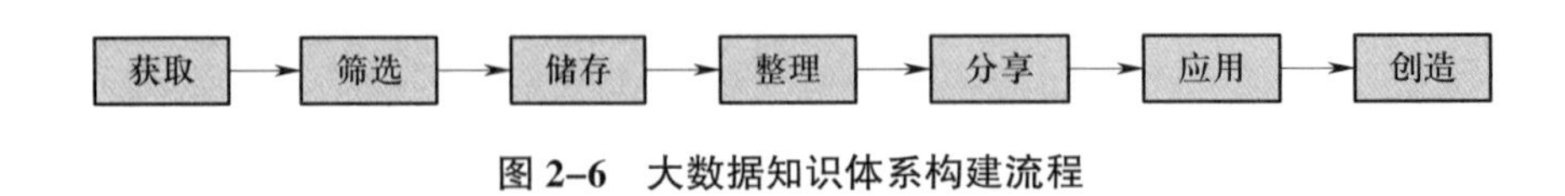

图 2–6　大数据知识体系构建流程

（二）培训大纲制定

1. 培训大纲制定的原则

（1）紧扣《标准》。《标准》明确了各等级专业技术人员的工作领域、工作内容以及知识水平、专业能力和实践要求，是大数据人才培养、培训大纲制定的重要依据。大纲的制定应当紧扣《标准》，符合《标准》的基本要求，涵盖职业道德、基础知识等内容。

（2）知识与技能结合。大数据工程技术人员需要理解操作系统、计算机网络、编程基础、数据结构与算法、数据库等相关理论知识；需要熟练掌握大数据系统环境安装配置和调试、大数据平台架构开发、软件应用开发、接口开发与功能模块设计、数据采集与数据预处理、数据计算与数据指标、数据分析与挖掘以及数据可视化等技术；需要进行数据管理、数据运营，并能够对项目团队人员进行技术指导。这就要求大数据工程技术人员不仅应掌握相关理论知识，而且应具备符合要求的专业能力。因此，制定培训大纲时，应当严格遵循理论知识与实践技能相结合的原则，技术与业务并重。

（3）面向应用与面向未来结合。人才培育是动态的系统化工程。作为实施培训的主要依据，培训大纲不但需要满足当下的人才培训需求，而且应当具有前瞻性，贴合新技术应用场景，面向未来，面向创新。

2. 培训大纲指导下的培训课程建设

培训大纲是以纲要形式规定培训课程内容的指导性文件，是组织课程培训、开展培训效果评价工作的重要依据。培训大纲一般包括培训课程的基本信息、培训课程简介、培训目标、培训课程内容、培训进度及要求、考核方式、教材及参考资料等。

培训大纲制定完成后，应根据制定原则和参考标准要求进行论证。在论证过程中，培训工作应当围绕教材展开，并且保证培训内容的深度、广度不低于《标准》要求。同时应适当结合实践应用发展的需要，充分体现对学习者知识体系的构建和实践能力的培养。

（三）培训计划的开始与部署

1. 培训者指南

（1）培训需求评估。培训计划开发最核心的两个关注点是培训需求与培训效果，即培训的起点和终点，二者构成了培训者和学习者交流学习知识的过程。大数据工程技术人员的培训围绕《标准》要求和教材范围并基于知识与技能展开。对培训需求的评估从三个层面进行：组织分析、任务分析、人员分析。组织分析是判断哪些部门和人员需要培训，以保证培训计划符合组织的整体目标与战略要求，也包括对学习者来源领域的分析；任务分析是确定培训内容与目标的过程，分析关键岗位任务、绩效标准、任职资格等；人员分析是对学习者的背景、心理因素和知识储备等情况进行分析，以了解学习者的能力现状，调整培训过程中的内容配置和培训知识深度。

学习者需求分析是一个持续和动态的过程，是培训者需要重点关注的对象。否则，培训将有可能流于形式。

学习者需求分析的过程如图 2–7 所示。

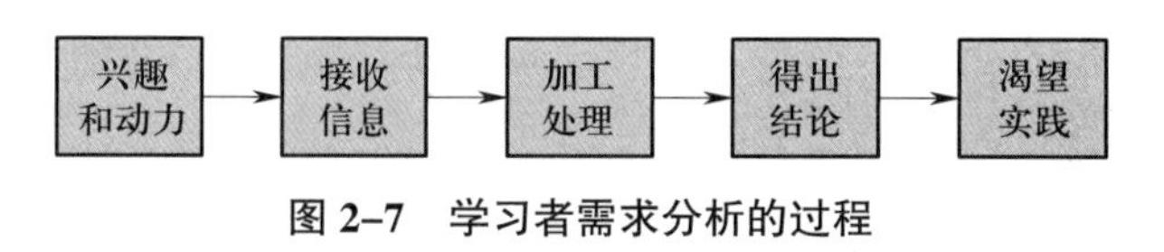

图 2–7　学习者需求分析的过程

（2）培训者定位。培训者因为分享知识、持续提高专业水平而具有高度辨识性。培训者不但要具备丰富的专业知识，而且要懂得必要的人际交往方法和培训技巧。培训者应该能够应用培训技能，包括掌握新技能和巩固旧技能，并把这些技能通过计划和实践细化到培训实施过程中。

培训者被视作专业领域的导师，在授业与解惑的同时，更重要的是指导学习者如何处理职场中的多代性问题，以及指导学习者确定投资回报率。培训者不仅要有序、完整地呈现课程内容，而且要专注学习者的学习过程，关注学习者的期望，引导学习者更深入地掌握知识和技能。在这里，培训者可能被视为“职场学习专家”“大数据领航员”“培训师”。不管称谓为何，培训任务是不变的：提高学习者的能力并扩大其大数据领域的知识储备，确保学习者和他们的组织能够以最有效的方式工作。为了完成

这项任务，培训者必须具备多项技能，包括管理技能、沟通技能、分析与解决问题技能、信息处理技能以及计算机应用技能，这样才能满足培训课程制作、实施和实效呈现的要求。

（3）培训原则和目标。大数据新职业的培训针对的是技术性比较强的应用型人才，不仅要提升学习者的知识水平，构建属于学习者的数据知识体系，而且要注重实践应用。

大数据工程技术人员的培训要坚持六大原则，具体如下。

1）理论与实践相结合的原则。

2）系统性原则。

3）培训与提高相结合的原则。

4）组织培训与自我提高相结合的原则。

5）职业道德与知识技能相结合的原则。

6）因材施教的原则。

在大数据领域，未来行业发展要求企业所有人员能像分析师一样思考，初级员工也需要了解和掌握数据语言，理解数据文化。大数据初级知识能力水平人员学习范围将扩大到数据科学、机器学习和云计算等新兴技术和知识领域。培训目标也被用来辅助描绘学习者的职业发展路线图。

2. 培训计划的制订

培训计划是培训工作的起点，明确人才培养大纲后，就可以开展具体工作，制订计划往往是关键的第一步。培训计划的组成部分包括培训内容及大纲概述、培训对象要求、培训目标、评估标准及期望、培训成本及费用等。另外，还应该包括完整清晰的培训计划表，培训计划表中的内容有培训时间及地点、报名时间及方式、培训日程安排、注意事项等。

制订上述计划过程中，培训地点、培训日程安排属于实施的关键步骤，应根据具体情况充分考虑。

3. 技术教学工具的使用

新兴技术的影响日益加深，尤其是电子学习（E-learning）的形式，拓展了培训范围。新兴技术手段已经成为培训设计、人才发展、培训实施及跟进的重要途径，大量技术教学工具使得培训更加便利、高效。特别是大数据工程技术人员的培训，包括实训、实操和案例分析等，这些均需要采用专业技术手段才能实现。其中，大数据教育科研学习平台尤为重要。具备教学资源、学习辅助管理、实训功能的科研学习平台，将成为培训的重要依托。此外，在线知识库、学习 App 及小程序、维基百科、社区、职场辅导等，也成为培训教学的技术辅助工具。在制订培训计划过程中，要充分考虑技术教学工具的分析、评价、采购和运用。

在具体的指导与培训场景中，熟练运用大数据技术工具将成为大数据工程技术人员的基本技能。大数据技术工具主要包括以下几种。

（1）传统数据分析和统计软件。包括 Microsoft Office 软件（尤其是 Excel）及基本的可视化工具（如 ECharts）等。

（2）专业数据分析软件。一些常用的专业数据分析软件工具，如 SPSS、SAS、Matlab 数据分析软件工具等，可以很好地完成专业的算法或模型分析。此外，还有高级的 Python 软件等。

（3）数据库相关工具。Hive、Hadoop、Impala 等是常见的数据库相关工具。

（4）辅助工具。例如，思维导图软件可用于整理分析思路、演示技术路径及整理知识内容。

要真正实现培训计划的开发和部署，并充分发挥大数据培训课程的价值，需要使用多种技术教学工具。这些工具涉及理论知识、软件工具和数据思维的综合运用。学习者需要熟练掌握这些工具，并能够将其应用于实际场景中，同时需要理解相关业务逻辑。

二、培训资源开发与制作

（一）培训课程设计

1. 培训课程设计原则

培训课程设计原则可参考布鲁纳教学原则（Bruner’s instructional principle），重点把握以下四项。

（1）动机原则。要注意学习者的心理倾向和动机，内在动机比外在动机更为有力和持久，培训者要善于激发学习者的内在动机。

（2）结构原则。应把课程内容转化为学习者易于理解和学习的形式，使其掌握大数据知识的基本结构。

（3）程序原则。培训者应在考虑学习者的基础知识水平、大数据课程性质的基础上，选择最佳培训教学程序，使教学工作遵循学习者专业能力提升的规律。

（4）反馈原则。对学习者的学习情况予以及时反馈，使学习者逐渐具备独立思考、探究发现和自我纠正的能力。

2. 有效课程的标准

有效课程的评价标准可总结为 SMART 原则。

（1）具体（specific）。即培训目标、内容和实施过程清晰明确，在符合《标准》要求的基础上，有针对性地提升学习者的具体专业技能。

（2）可度量（measurable）。即课程本身的质量、培训方法、培训计划应该符合《标准》要求，且应该以明确的数据作为衡量依据。

（3）可实现（attainable）。即要根据学习者的基础知识水平、素质、能力和经历等情况，以实际工作要求为指导，根据培训课程条件和安排，能够实现培训目标。

（4）相关性（relevant）。即课程应该围绕标准要求，以教材为基础，从培训需求出发，与知识技能的培养密切相关，并且切实可行和具有可操作性。

（5）时限性（time-bound）。即课程应该有时间要求和限制。大数据工程技术人员需按照《标准》的职业要求参加有关课程培训，完成规定学时，取得学时证明。初级完成 128 标准学时，中级完成 128 标准学时，高级完成 160 标准学时。

3. 培训课程开发

一名优秀的培训者需要具备多方面能力，而课程开发与设计能力无疑是其必备的核心技能。培训界公认使用范围最广的一个培训课程开发模型是 ADDIE 模型。ADDIE 五个字母分别表示 analysis（分析）、design（设计）、develop（开发）、implement（实施）、evaluate（评估）。

实践中，ADDIE 模型可用于培训需求分析、培训设计及资源开发、培训活动实施、培训开发结果评估。课程设计及资源开发是指培训者对培训的内容和形式进行设计的过程，如案例设计、培训形式设计、教材制作等。培训活动的实施是指学员参与培训，培训者与学员共同完成培训活动的过程。培训开发结果的评估是指课程结束后，对学员是否掌握了培训内容，培训目标是否实现，是否能对实现绩效提升进行衡量。ADDIE 模型为确定培训需求，设计和开发培训项目，实施和评估培训提供了一种系统化流程，其基础是对工作和学员所做的科学分析；其目标是提高培训效率，确保学员获得工作所需的知识和技能，满足组织发展需求；其最大的特点是系统性和针对性，将以上五个步骤综合起来考虑，避免了培训的片面性，针对培训需求设计和开发培训项目，避免了培训的盲目性；其质量的保障是对各个环节进行及时有效的评估。

培训课程开发包含三方面内容，即要学什么（学习目标的制定）、如何去学（学习策略的应用）、如何判断学习者已达到学习效果（学习考评实施）。在大数据工程技术人员培训过程中，对于要学什么，《标准》及教材已经明确了范围。因此，在培训课程开发过程中，更应专注的是学习者分析、培训工具分析、培训环境分析，以及培训形式、培训规划、培训程序等的设计，最终落脚于课程内容评估和效果评估。

（二）培训资源制作

1. 培训思路与培训环节安排

大量培训实践经验表明，严谨的培训思路和周密的培训环节安排，是培训效果的重要保障。培训环节安排，要考虑课程的主体性内容、提升性内容、牵动性内容、实践性内容、附加性内容，各环节起到承接转化和价值传递的作用，直接反映在课程培训效果上。而培训资源的制作，正是基于培训思路的执行与落地，以完整可视化的形式呈现培训内容。

2. 培训资源制作

培训资源指的是培训课程实施过程中使用到的相关内容、资料、手册、材料等，包括教材、PPT 课件、培训手册、学员手册、案例及其他随堂练习、文件、学员作业

与测试等。广义的培训资源还包括必要的培训资金、基础设施、学习环境因素以及配套措施等。在大数据工程技术人员培训场景中，针对技能技巧培训的实操实训平台也构成了培训资源的重要组成部分。

培训课程制作的方法从开发方式上进行区分，有自主制作、合作开发与第三方外包三种形式。其中合作开发形式较多采用。自主制作对培训者专业要求较高，不仅需要多年培训管理经验的积累，而且需要熟练掌握理论知识。特别是大数据工程技术人员的培训资源，需要严格遵循《标准》要求，按照课程设计与开发原则进行制作。因此，在很长一段时间内，合作开发与第三方外包制作将是大数据培训课程制作的主流方式。

三、开展专业能力培训

（一）大数据人才能力评价

能力可以是动机、特性、技能、自我形象、社会角色的一个方面或所使用的知识整体。所以，能力是履行职务所需的素质准备。能力本位教育与训练（competency-based education and training，CBET），是职业培训的一种模式，依赖职业能力分析的结果，确立权威性国家能力标准，通过与这些标准的比较来确定学员的等级水平。

大数据人才的现状能力评价，可使用多种数据能力框架，包括创建动态角色档案、度量当前能力水平、进行技能差异分析。根据能力现状分析结果，可以设定培训目标的能力模型评价标准。大数据工程技术人员需要了解基础理论知识、技术基础知识、安全知识及其他相关知识。大数据人才的培养面向综合型、应用型能力锻炼，着力培养 T 型人才。同理，对专业能力的培训评价也基于此标准进行。

T 型人才是能创新、有效解决问题的人，也能够与多领域的专业人士进行互动和沟通。与 T 型人才相比，还有擅长一个专业领域但知识缺乏广度的 I 型人才，以及擅长两个专业的 A 型人才。当员工是 I 型人才时，其专注于特定领域的知识和技能，工作场所将变成竞争的环境，缺乏互动。组织也许会从这些人才身上受益，但这些人才没有明确的职业发展通道。如图 2-8 所示，T 型人才至少掌握在一个服务系统中的深度知识（T的纵向）以及整个组织内的综合知识，是具有跨学科技能、具有开发读写交流技能、能够与非专业人士讨论相关问题、学习跨学科词汇、具有较高情商的人才。

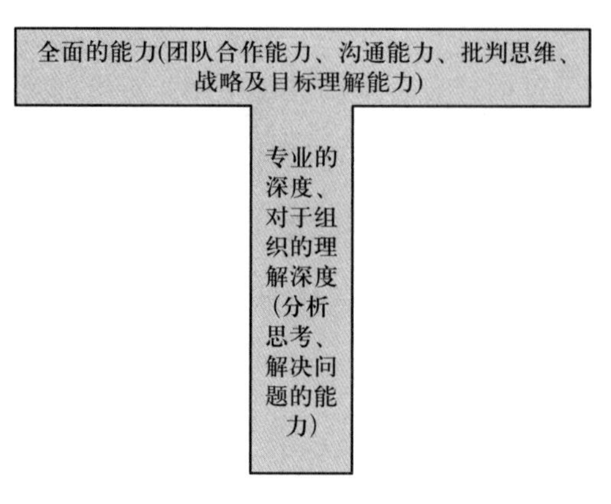

图 2–8　T 型人才

（二）实施专业培训

1. 高效培训的要点

（1）培训者传播信息的方式。知识和技能结合的培训，本身就需要综合采用多种信息传播方式来呈现培训内容、实现培训目标，大数据人才的培育尤其如此。大数据人才培育的具体途径见表 2–5。

表 2–5　大数据人才培育的具体途径

途径	实现方式	使用时间
语言	说和听，沟通	需求评估、培训授课、专题交流、培训反馈
书面	调查表、参考资料	需求分析、培训交流、培训评估
非语言	肢体语言、表情	在所有语言交流中以及非语言训练期间、实操培训期间
技术工具	PPT、线上课程、实训	培训授课、培训实操、课外辅助学习

（2）与参加培训的人员互动。高效的培训不是照本宣科，也不是自顾自地传授知识，培训者应该加强与学员的互动，特别是技能训练环节。建议综合采用多种方式来传播知识、传授技能，以增强培训效果。

（3）在线学习。通过互联网把学习者连接起来，并且使学习者可以持续学习，这种新技术引领下的在线学习方式越来越受欢迎。学习者只需坐在工位上、电脑前甚至手持移动电话，一堂培训课就可以开始，而无须经过长途旅行和培训者到达现场。培训交付不受时间、地点限制。

（4）引导人们终身学习。终身学习是指在人们的生活中提供或使用正式的和非正式的学习机会，以求不断提升个人发展所需的专业能力。新兴技术日新月异，大数据潮流也日益汹涌澎湃，只有坚持进行终身学习，才能符合需求、引领时代。

2. 培训课程的开展

成功的培训者会引导学习者学习，帮助学习者获得所需知识和技能。这些知识和技能符合《标准》的要求，学习者能够通过培训进入职业发展领域，切实为组织解决大数据应用等多方面的实际问题。培训者开展培训课程，进阶为培训专家，也遵循一定的路径。这种路径也是培训课程开展的路线图，具体包括：①补充培训知识；②聚焦培训目标；③完成课程制作和设计；④落实培训准备；⑤有效呈现课程；⑥实施实训操作；⑦评估培训效果；⑧持续改进。

上述“八步法”是培训有效开展的保障，也是结合大数据人才培养的特殊要求对类似培训原则所进行的整理。其经过实践验证，能保证培训工作顺利完成，应当作为成功培训者的实施路线图。

3. 技能实训与案例分析

技能提升是培训的重要目标，实训操作是大数据人才培养的重要途径。知识就是生产力，而技能实训与案例分析正是将知识转化为生产力的一种可观测方式。开展大数据人才专业能力培训，特别需要强调有关能力提升、实践应用效果的以下三个要点：

（1）使课程内容贴近实战。

（2）将实操经验提升为理论。

（3）对重要技能进行操作实训。

只有执行上述三个要点，把实训、实操整合进培训课程体系，才能避免培训流于形式、流于表面，也才能真正培育出新一代大数据专业人才。

（三）培训效果评估

培训效果评估是在受训者完成培训任务后，对培训计划是否完成进行的评价、衡量，包括对培训设计、培训内容以及培训效果的评价。通常采用对受训者反应、学习、行为、结果四类基本培训成果或效益的衡量来测定，即柯氏培训评估模式，主要内容包括以下几点。

（1）Level 1. 反应评估 (reaction)：评估学习者的满意程度。

（2）Level 2. 学习评估 (learning)：测定学习者的学习获得程度。

（3）Level 3. 行为评估 (behavior)：考查学习者的知识运用程度。

（4）Level 4. 成果评估 (result)：计算培训创造的经济效益。

四、指导与培训项目案例

（一）指导案例

实际开展培训课程的过程中，培训者需要掌握一些培训思路和手法，在一定的专业指导下，进行有效培训。其中，案例的设计与编写是一项不可或缺的专业技能。指导案例设计和编写，同样也是培训者的一项基本技能。

案例必须来源于具体的工作场景，必须能够凝练出符合《标准》要求和培训目标的知识内容和技能载体。案例编写的要素包括案例名称、案例目的、案例内容、剖析思路、实施方式、案例点评等。

（二）培训案例

如何解决大数据人才等信息和通信技术（information communication technology，ICT）人才缺口，如何实现有质量的高素质人才增长，不仅是政府、高校需要考虑的问题，也是产业界需要考虑的重要问题之一。华为生态大学正是针对这个问题而设立的，其覆盖从高校到产业再到合作伙伴人才培养的整个可持续性过程。华为生态大学创新数字学院着重针对大数据、云计算、物联网、人工智能等专业方向，进行技术分享、课题研究；应用技术学院重实战，为产业链培养应用型人才；合作伙伴学院为华为的合作伙伴提供专业能力和管理能力提升服务，覆盖解决方案、服务、商务、管理、销售等各个领域。这样一来，华为生态大学既能面向新技术进行理论研究，又能将技术

与实际应用结合起来。更重要的是，它还能“授人以渔”，真正让合作伙伴实现能力的提升。

华为生态大学的上述实践提供了大数据人才培养的先进经验。这些实践把知识和技能进行结合，又通过系统性保障培训的开展和实施，把培训效果通过合作形式进行分享和交流。

华为生态大学包括创新数字学院、应用技术学院和合作伙伴学院三大学院。依托认证体系的主要目标是为学生及ICT从业者树立人才标准，为ICT人才终身学习提供全面的服务支持，通过人才联盟促进人才可持续性流动。各学院具体职责如下。

（1）创新数字学院。分享新技术在行业中的应用实践，培养创新型人才，联合高校和科研机构进行专项课题研究，促进行业数字化创新。

（2）应用技术学院。与国内高校和教育机构开展合作，通过各类校企合作项目，建立ICT应用人才培训基地。

（3）合作伙伴学院。为华为合作伙伴提供最新的、最权威的专业知识及技能，以及一站式的能力提升服务。

华为生态大学三个学院各司其职，从人才培养计划到培训资源开发再到专业能力训练，形成了完整的体系。各个环节均能够遵循计划、执行与能力评估相结合的原则，把培训升级为一种模式，并赋能产业、行业与社会实践。这一典型案例值得分析与借鉴。

思考题

1. 技术咨询在一个大数据项目中能起到什么样的作用？

2. 技术咨询的核心能力主要包含哪些？

3. 大数据技术发展与企业发展有哪些关联？

4. 在进行技术分析的过程中需要注意客户的哪些方面，并分别采用哪些方法进行洞察？

第三章
大数据管理概述

本章围绕数据生命周期展开，涵盖数据治理、数据标准、元数据、参考数据和主数据以及 DCMM 等相关内容。每节内容都与国家职业标准中的工作内容和专业能力要求一一对应。与此同时，教材内容从大数据管理的角度出发，阐述主流厂商在大数据管理方面的知识与技能，提供大数据管理的完整实例，旨在帮助读者更好地学习、实践大数据处理方向的技术技能，为数字技术人才队伍的建设做出贡献。

- **职业功能：** 大数据管理
- **工作内容：** 数据管理；数据管理评估
- **专业能力要求：** 能制定数据标准管理制度，通过制度约束、系统控制等手段，提高平台治理水平；能制定数据质量管理规范，确保平台数据质量符合规范；能制定数据生命周期管理规范、数据血缘关系管理规范；能制定安全审计要求，确保数据活动过程和相关操作符合安全要求；能独立开展 DCMM 调研访谈，收集、解读评估材料；能运用评估表等工具进行 DCMM 评估；能分析企业数据管理现状，识别数据管理问题及改进项，给出数据管理能力成熟度等级建议
- **相关知识要求：** 数据标准管理知识；数据质量管理知识；数据生命周期管理知识；数据安全知识；DCMM 评估方法；数据治理知识

第一节 数据管理

什么是数据管理？如何做好数据管理？数据治理与数据管理有何区别？数据治理工作如何开展？诸如此类的问题在数据经济时代逐渐凸显。从战略层面规划数据治理，围绕数据生命周期开展数据标准、元数据、参考数据和主数据、数据质量等数据管理工作，是大数据管理人才必须掌握的知识和技能。同时，还应关注隐私保护和数据安全，以保障数据治理工作的实施与部署。

本节着重介绍大数据管理的核心内容。先介绍数据管理框架、数据治理架构、数据治理实践指南，之后，重点讨论数据标准、元数据、主数据、数据质量、数据血缘等关键内容，构建一个较为完整的大数据管理知识体系，为大数据管理人才提供比较系统的理论指导和实践参考依据。

一、数据管理概述

数据管理是一个涉及数据的结构、控制和管理的过程，包括数据采集、存储、加工、分析、共享、使用和保护等环节。在当今数字化时代，数据已经成为组织和个人非常重要的资产，数据管理直接关系数据的质量和价值，也关系组织的竞争力和发展前景。

数据管理的核心在于数据的规范化、标准化和流程化。数据规范化是指保证数据的一致性、准确性和完整性，从而确保数据的可信度和可维护性。数据的标准化是指将数据转化为统一的格式，以便数据交换和共享。数据流程化是指将数据管理纳入组织的业务流程，以便数据的快速响应和应用。

数据管理的关键环节包括数据采集、数据存储、数据加工和数据分析。数据采集是指采用各种方式（如硬件设备、网络爬虫等）收集数据。数据存储是指将采集到的数据存储到计算机系统中，以便后续的数据处理和分析。数据加工是指对数据进行清洗、转换和整合等操作，以便实现数据的标准化和流程化。数据分析是指对数据进行分析和挖掘，以便数据利用和价值提升。

数据管理的应用范围非常广泛，包括商业、医疗、金融、交通、教育等多个领域。在商业领域，数据管理可以帮助企业更好地了解客户需求和市场趋势，从而制定更加有效的营销策略和经营决策。在医疗领域，数据管理可以帮助医疗机构更好地管理患者信息和医疗数据，从而提高医疗质量和治疗效果。在金融领域，数据管理可以帮助银行更好地监控风险和客户行为，从而提高金融风险管理水平和客户服务水平。

数据管理的主要目的如下。

（1）提高数据质量。通过数据管理，可以确保数据的准确性、完整性、一致性和可靠性，从而提高数据质量。

（2）促进数据共享。通过数据管理，可以促进数据的共享和交换，从而提高数据利用率。

（3）支持决策制定。通过数据管理，可以为决策制定提供准确、可靠、及时的数据支持。

（4）保障数据安全。通过数据管理，可以确保数据的安全性和保密性，从而防止数据泄露、被篡改和丢失。

数据管理是一个重要的管理体系，能够帮助机构、组织和个人更好地管理和利用数据资源，提高数据的价值，从而在竞争激烈的数字化时代取得优势。

（一）数据管理及其角色

1. 数据管理

大数据不仅是一种时代产物，更是一种技术，其给组织带来了重要的资产，同时也带来了巨大挑战。数据价值不会自动产生，需要管理和协调。数据管理的目的

是获取、控制、保护并提升数据资产价值，需在整个数据生命周期内对数据进行规划、组织、协调、控制等实践活动。数据管理职能包括数据治理、数据架构、数据建模和设计、数据存储和操作、数据安全、数据集成和互操作、文件和内容管理、参考数据和主数据、数据仓库和商务智能、元数据、数据质量等方面。这些职能构成了完整的数据管理体系，是组织为提高数据质量和实现数据价值目标所必需、系统性的管理模式，也构成了组织的一种战略。数据管理以数据资源和数据工程为主要内容，通过过程管理方法进行系统性管控，从而获取、控制、保护、交付和提供数据资产的价值。

2. 数据管理角色

（1）技术与业务的融合。在数据管理领域，不论是业务人员还是技术人员，都需要跨职能、跨领域地进行知识拓展。虽然业务人员大部分更关注功能完备的系统，对技术实现、架构和数据并不关心，但是，成功的数据管理项目需要业务人员深度参与，甚至越来越多的业务人员承担数据管理项目的责任。同样，技术人员也要不断学习业务知识，深入了解业务需求，打破技术与业务之间的壁垒，更加开放地与业务融合，从而实现对系统的敏捷开发和对流程的高效应用。对数据价值理解一致的技术人员和业务人员，是最稀缺的人才，是企业最需要的人才，更是对企业数字化起着重要作用的人才。

（2）数据管理岗位的类型。数据管理岗位通常有明确定义的数据管理职责，这些职责界定相关人员对数据资产进行有效控制和使用过程中的权限与责任。组织可以通过职位名称和职责描述正式确定管理职责。不论职位、岗位名称为何，组织都应当尽早配置完整的数据管理岗位体系，设立专人专岗负责数据管理。

数据管理相关岗位的类型见表 3–1。

（3）数据管理专业人员的职业化。最初，数据管理工作主要由组织内部的技术人员负责。而今，随着数字化发展，越来越多的业务人员也开始从事数据管理工作，许多组织更是从外部引进数据管理专业人员，统一负责整体的数据管理工作。

表 3-1　　数据管理相关岗位的类型

数据管理岗位类型	描　述
首席数据官	数据管理服务组织中最高级别管理者，领导数据管理计划，直接负责数据管理，包括数据治理和数据管理制度活动的协调，监管数据管理项目，监督数据管理专业人员
首席数据执行官	协助首席数据官开展工作，负责组织数据的利用和管理，如数据质量、数据治理、主数据管理、信息策略、数据科学和业务分析等领域
高级数据管理专员	由高级经理担任的数据治理委员会中的角色，负责向数据治理委员会提供服务，任命协调数据管理专员和业务数据管理专员，评审和批准数据架构、数据模型和规范等
企业数据管理专员	负责监督跨越业务领域的数据职能
业务数据管理专员	知识工作者和业务领导，被公认为某个主题域专家，对其所负责的业务实体、主题域或数据库的各类数据规范和数据质量最终负责
技术数据管理专员	某个知识领域内工作的 IT 专业人员，如数据集成专家、数据库管理员、商务智能专家、数据质量分析师或元数据管理员
协调数据管理专员	往往在大型组织中存在，领导并代表业务数据管理专员和技术数据管理专员进行跨团队或数据专员之间的讨论
数据架构师	负责数据架构和数据集成的高级数据分析师，数据架构师一般致力于数据仓库、数据集市及其相关的集成流程
数据建模师	负责捕获和建模数据需求、数据定义、业务规则、数据质量要求、逻辑和物理数据模型
数据模型管理员	负责数据模型版本控制和变更管理
数据安全管理员	负责确保对不同保护级别数据的受控访问
数据集成架构师	负责设计数据集成和提高企业数据资产质量的高级数据集成开发人员
数据集成专家	负责实现以批量或准实时方式集成（复制、提取、转换、加载）数据资产的软件设计或开发人员
分析 / 报表开发人员	负责创建报表和分析应用解决方案的软件开发人员
应用架构师	负责集成应用系统的高级开发人员
技术架构师	负责协调和集成 IT 基础设施，以及 IT 技术框架的高级技术工程师
技术工程师	负责研究、实施、管理和支持某一块信息技术基础设施的高级技术分析师
桌面管理员	负责处理、跟踪和解决与信息、信息系统或 IT 基础设施使用相关的问题
IT 审计员	负责包括审计数据质量和数据安全性的 IT 内部或外部的审计人员

续表

数据管理岗位类型	描　　述
数据质量分析师	负责确定数据的适用性并监控数据的持续状况，进行数据问题的根因分析，帮助组织识别提高数据质量的业务流程及技术改进
元数据专家	负责元数据的集成、控制和交付，包括元数据存储库的管理
BI 架构师	负责商务智能用户环境设计的高级商务智能分析师
BI 分析师 / 管理员	负责支持业务人员有效使用商务智能数据
BI 项目经理	负责协调整个公司的 BI 需求和计划，并将它们整合成一个整体的优先计划和路线图

数据管理的专业化、职业化是数字化转型的必然趋势。目前，数据管理这一类岗位人才紧缺，相应的知识体系尚未完全建立起来。大数据工程技术人员国家职业标准正是在这一背景下应运而生。不论是技术背景还是业务背景的数据管理从业人员，都有机会展示自己在专业领域的成长，这有助于其职业目标的实现。随着大数据从业人员队伍的扩大和数据知识体系的构建，将会涌现出一批大数据专业人才，推动数据管理专业人员职业化发展。

（二）数据管理框架

数据管理的具体工作和过程逐渐汇聚成一个获取数据价值的知识体系，并提供一种得以反复使用和推广的框架。数据管理过程从先验知识开始，以显性知识结束，使组织和人员获得洞察力。当然，数据管理框架并不是一组严格的规则，而是一组有助于知识整理、提炼以及发现的迭代步骤和体系。

1. 数据管理知识模型

海量数据容易使人迷失，而针对数据的管理知识则指明了发现和使用数据价值的方法，让组织和人员能够从海量数据中获得信息、理解知识、形成智慧并具有一定的洞察力。数据管理知识的体系化路径涵盖数据感知、理解、认知、应用，最终形成智慧体系。数据管理知识模型中，DIKW 模型将数据（data）、信息（information）、知识（knowledge）、智慧（wisdom）纳入一种金字塔形的层次体系，它含有暗示及滞后影响的意义，最终形成对未知的洞察力。传统的 DIKW 金字塔模型有多种解读方法，图 3-1 所示的 DIKW 漏斗模型是一种典型的倒金字塔模型。

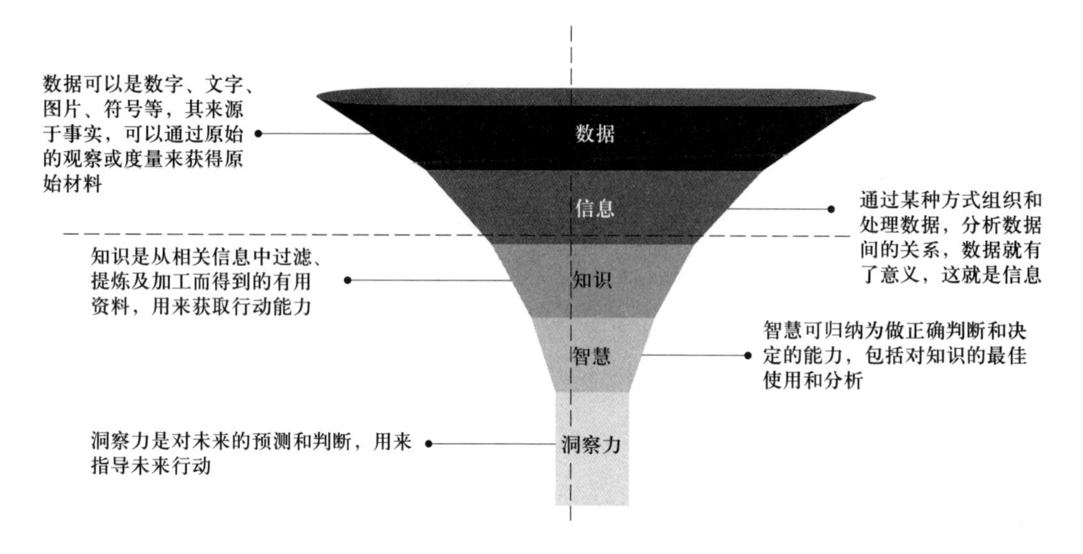

图 3–1　DIKW 漏斗模型

2. 数据管理框架的构建

数据管理涉及一系列相互依赖的功能领域，每个功能领域都有其特定的目标、职责、活动、方法与工具。完善的数据管理体系是数据价值和数据质量的保障，也是数据管理工作的系统性指导依据。数据管理框架应围绕以下几个方面进行构建。

（1）明确组织中数据价值的定位。

（2）强化组织的数据管理和数据质量意识。

（3）完善数据管理体系。

（4）健全数据治理机制。

这些抽象的步骤需要持续跟踪管理，也需要数据管理各个组件的协同与关联。这些组件和功能模块大多数是相互依赖的，需要协调一致才能充分发挥作用。围绕数据管理步骤的经验总结，对相关关系、因果关系和逻辑关系的理解形成数据管理知识。对知识进行类比和简化，就形成了模型。各个模型组件进一步组成系统性、体系化的数据管理架构。这样体系化的数据管理架构可以作为数据管理框架，用于指导实践、增进理解和探索新知识。

数据管理框架的价值还体现在能把实现特定目标的条件用结构化方式表现出来。正是基于此，DAMA 国际数据管理协会针对数据管理框架，汇总了战略一致性模型、

阿姆斯特丹信息模型、DAMA-DMBOK 框架、DMBOK 金字塔（Aiken）以及 DAMA 功能领域依赖关系模型、DAMA 数据管理功能框架等多种框架模型，从不同角度和关系，对数据管理框架进行多维度解读与介绍。

DAMA 数据管理功能框架如图 3-2 所示。

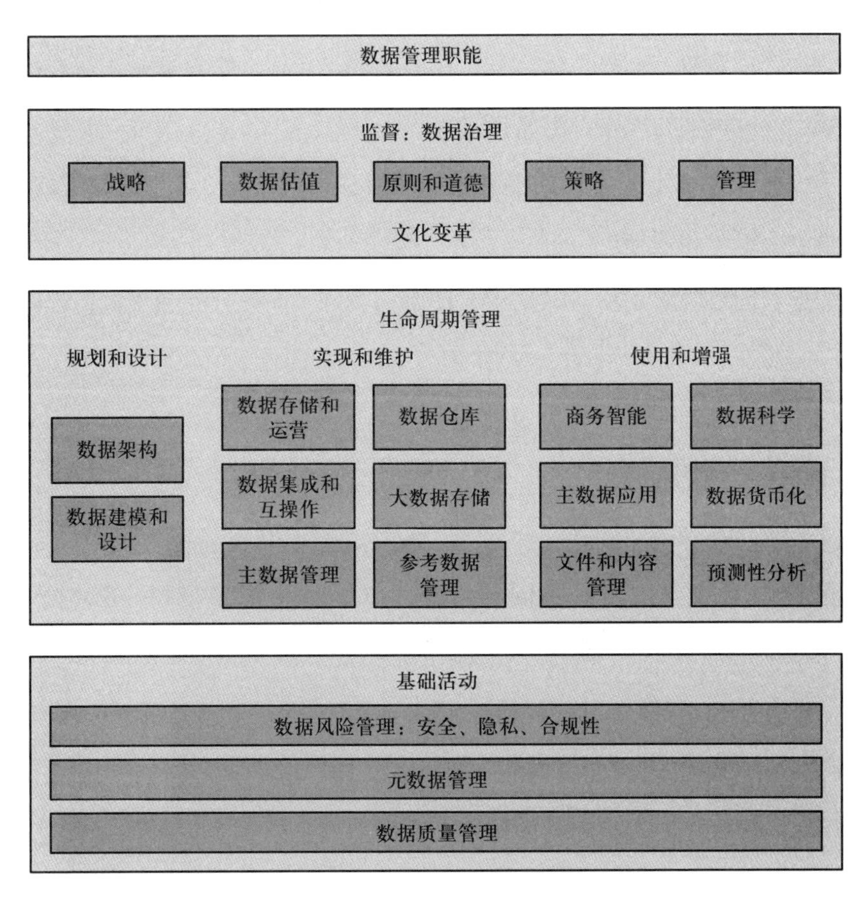

图 3-2　DAMA 数据管理功能框架

3. 数据管理战略

大多数组织在管理数据前都没有定义完整的数据管理战略。相反，组织通常都是在不太理想的条件下发展这种能力。大数据处理、大数据分析、大数据管理的相关任务和工作，均应该遵循符合组织战略一致性标准的数据管理战略。虽然大多数公司在某种程度上已在战略层面认识到数据是有价值的公司资产，但只有少数公司指定首席数据官帮助缩短技术和业务之间的差距，并在高层建立企业级数据管理战略。

战略是一组选择和决策，它们共同构成了实现高水平目标的高水平行动过程。组织的数据战略应该包括使用信息以获得竞争优势和支持企业目标的业务计划。数据管理战略是旨在实现维护和改进数据质量，保证数据的完整性、访问和安全性，降低已知和隐含风险，解决与数据管理相关的已知问题等目标的一种规划。

具有实践指导意义的数据管理战略规划报告应包括以下内容。

（1）数据管理章程。包括总体愿景、业务案例、目标、指导原则、成功衡量标准、关键成功因素、可识别的风险、运营模式等。

（2）数据管理范围声明。包括规划目的和目标（通常为3年），以及负责实现这些目标的角色、组织和领导。

（3）数据管理实施路线图。确定特定计划、项目、任务分配和交付里程碑。

二、数据治理

（一）数据治理概述

1. 数据治理的定义

不同的组织对数据治理有不同的解释，以下是高德纳公司、IBM公司、DGI、DAMA、中国国家标准化管理委员会对数据治理的定义。

（1）高德纳公司（全球最具权威的IT研究与顾问咨询公司）认为，数据治理是通过组织人员、流程和技术的相互协作，使企业能将数据作为核心资产开展的一系列活动。

（2）IBM（国际商业机器公司）认为，数据治理是根据企业的数据管控政策，利用组织人员、流程和技术的相互协作，使企业能将数据作为企业的核心资产来管理和应用的一门学科。

（3）DGI（全称Data Governance Institute，数据治理研究所）认为，数据治理是对数据相关事务和执行商定好的模型（描述了谁可以在什么时间、在什么环境下、用什么方法对什么信息做处理的模型）的决策和授权的执行。

（4）DAMA（DAMA是一个由全球性数据管理专业志愿者组成的非营利协会）认为，数据治理指的是在数据资产管理过程中行使权利和进行管控，包括计划、监控和审计等。在所有组织中，无论其是否有正式的数据治理职能，都需要根据数据进行决

策。建立正式的数据治理规程，并有意向性地行使权利和进行管控的组织，将能够更好地增加从数据资产获得的收益。

（5）中国国家标准化管理委员会2018年发布的《信息技术服务治理》（GB/T 34960.5—2018）给出的数据治理定义是：数据资源及其应用过程中相关管控活动、绩效和风险管理的集合。

虽然不同的组织对数据治理的定义不一样，但内涵相似，数据治理就是建章立制，实现数据管理规范化，更好地获得数据资产价值。

2. 数据治理的目的

数据治理的目的是确保根据数据管理制度和最佳实践正确地管理数据。数据治理项目的范围和焦点依赖组织需求，但多数项目包含如下内容。

（1）战略。定义、交流和驱动数据战略和数据治理战略的执行，以确保数据资源能够支持组织的业务需求和决策需求。

（2）制度。设置与数据、元数据管理、访问、使用、安全和质量有关的制度，确保组织中的数据资源可信、安全、一致、可用和可重用。

（3）标准和质量。设置和强化数据质量、数据架构标准，提高数据质量，促进数据共享。

（4）监督。在质量、制度和数据治理的关键领域提供观察、审计和纠正等管理职责，确保数据治理的各项活动符合预定的标准和程序，确保数据治理的有效性和合规性。

（5）合规。数据治理需要考虑合规性，包括数据收集、存储、处理和使用等全生命周期的合规性。合规目标可以帮助组织避免法律风险，提高数据治理的合法性和可信度。

（6）问题管理。通过建立一套有效的管理机制，及时发现并解决数据治理过程中出现的问题，确保数据的准确性、完整性、一致性、可追溯性和安全性，从而提高企业决策能力、运营效率和市场竞争力，实现科学、高效、可持续发展。

（7）数据资产估值。设置标准和流程，以一致的方式定义数据资产的业务价值，帮助组织了解数据资产的价值，从而更好地进行数据治理。同时，也可以为组织和个人提供决策依据。

为了实现这些目标，进行数据治理时，将制定制度和实施细则，在组织内多个层次上实践数据管理，并参与组织变革管理工作，积极向组织传达改进数据治理的好处，并将数据作为资产管理所需的行为。

3. 数据治理与数据管理

数据治理是用于建立有效管理企业数据的战略、目标和策略的组织框架。其由管理和确保数据的可获得性、可用性、完整性、一致性、可审计性和安全性所需的流程、策略、组织和技术组成。由于数据治理过程需要数据战略、标准、政策和沟通的相互作用，所以其与数据管理具有协同关系。数据治理为数据管理提供了一个框架，使其与业务优先级和利益相关方保持一致。数据治理确保数据被恰当地管理，而不是直接管理数据。也就是说，数据治理是监督和指导数据管理各项活动的，可支持组织的战略目标，提升组织管理数据资产的能力。而数据管理关注具体的活动，包括创建和管理核心元数据、记录规则和标准、管理数据质量问题、执行数据治理运营活动等。数据治理与数据管理的关系如图 3–3 所示。

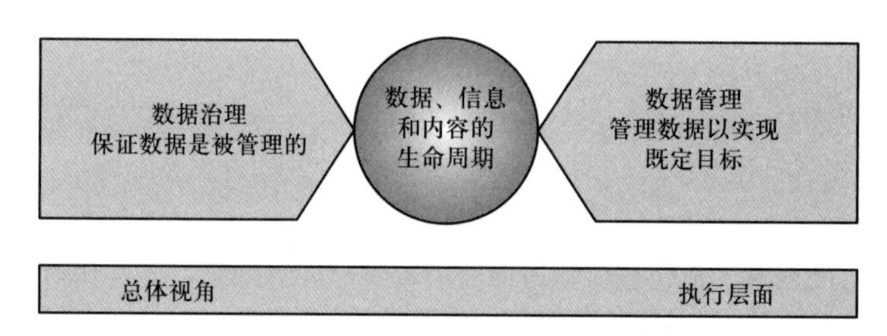

图 3–3　数据治理与数据管理的关系

越来越多的企业将数据视为战略性企业资产，与其他寿命有限或只使用一次并被替换的企业资产不同，数据是持久的，并保持其价值。数据治理和数据管理实践对充分利用数据企业的长期内在价值是必要的。尽管数据治理和数据管理是不同的活动，但它们必须协同工作以提高整体业务性能。

4. 数据治理的原则

数据治理的最终目标是提升数据价值，通过建立方法、职责和流程以标准化、集成、保护和存储数据。如果没有有效的数据治理，企业中不同系统数据的不一致性将无法消除，组织甚至很难发现数据源，更谈不上享有数据价值。为实现整体目标，数

据治理程序必须遵循以下几个原则。

（1）领导力和战略。数据治理是一个复杂的过程，需要领导力和战略的指引，帮助组织更好地进行数据治理，提高数据的质量和价值，从而为组织的战略目标提供支持。

（2）业务驱动。数据治理是一项业务管理计划，需要与企业战略保持一致，聚焦于降低风险与改进流程，以保证数据治理的持续性。

（3）共担责任。在所有数据管理的知识领域中，业务数据管理专员和数据管理专业人员共担责任，以确保数据治理的有效性和成功实施。

（4）多层面。数据治理活动不仅发生在组织层面，而且发生在各地基层，但通常以中间各层面为主。

（5）基于框架。由于治理活动需进行跨组织职能的协调，所以对数据治理项目必须建立一个运营框架来定义各自职责和工作内容。

（6）原则导向。指导原则是数据治理活动，特别是数据治理策略的基础，最好把核心原则阐述和最佳实践作为策略的一部分工作，指导组织开展数据治理工作的方向和准则，以减少潜在阻力，这是组织制定和实施数据治理工作的基础。

（二）数据治理的驱动因素

数据治理的驱动因素大致可分为被动式治理、主动式治理和内化式治理。初期，数据治理最常见的驱动因素是法规遵从性，数据治理是基于监管要求而触发的，典型行业有金融服务业、医疗健康业等。数字化转型推动下的央企数据治理，很多也是基于监管要求。通过有效和持续地响应监管要求，组织也能奠定数据治理基础，主动推进以改进业务流程、提升数据质量、提高业务效率为内容的数据治理。之后，数据治理逐渐内化到组织的各个角落，人员、系统和流程能够直接与企业战略保持一致，数据治理成为全面资产管理的重要内容，聚焦于管理数据资产和作为资产的数据。

数据治理的驱动因素大多聚焦于降低风险或者改进流程，具体表现为以下几个方面。

（1）降低风险

1）一般性风险管理。洞察风险数据对财务或商誉造成的影响，包括对法律和监管问题的响应。

2）数据安全。通过控制活动保护数据资产，包括可获得性、可用性、完整性、连续性、可审计和数据安全。

3）隐私。通过制度和合规性监控，控制私人信息、机密信息、个人身份信息等。

（2）改进流程

1）法规遵从性。有效和持续地响应监管要求的能力。

2）数据质量提升。通过真实可信的数据提升业务绩效的能力。

3）元数据管理。编制业务术语表，用于定义和定位组织中的数据，确保组织中数量繁多的元数据被管理和应用。

4）项目开发效率。在系统生命周期中改进，以解决整个组织的数据管理问题，包括利用数据全周期治理来管理特定数据的技术债。

5）供应商管理。控制数据处理的合同，包括云存储、外部数据采购、数据产品销售和外包数据运维。

通过多因素驱动，数据治理致力于确保数据的标准化、规范化、可信可用，进一步通过数据运营、数据应用帮助企业实现数据资产管理、发现内部数据问题、挖掘数据价值，进而实现企业数据资产的盘活和有效利用。

（三）数据治理框架

根据《信息技术服务治理》（GB/T 34960.5—2018），数据治理框架主要包含四个部分内容——顶层设计、数据治理环境、数据治理域和数据治理过程，如图 3–4 所示。

1. 顶层设计

顶层设计是数据治理实施的基础，包含数据相关的战略规划、组织构建和架构设计。

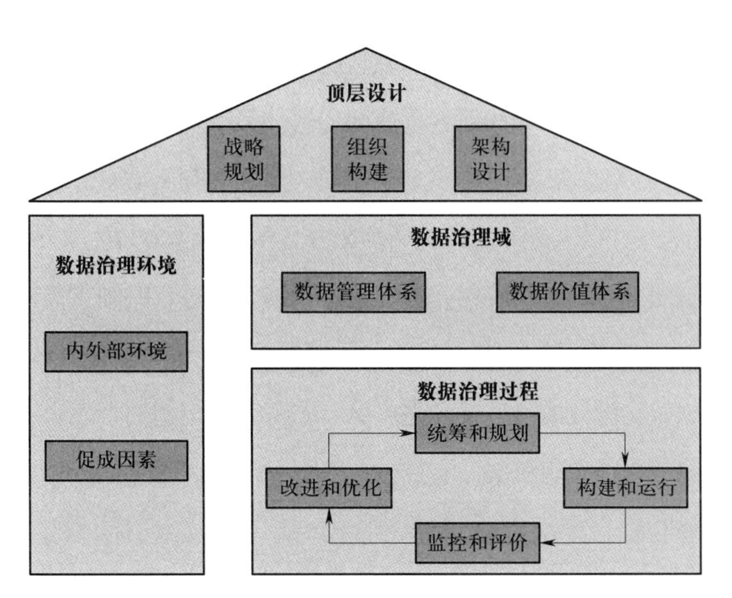

图 3–4　数据治理框架

（1）战略规划。数据战略规划应保持与业务规划、信息技术规划一致，并明确战略规划实施的策略，至少应做好以下几项工作。

1）理解业务规划和信息技术规划，调研需求并评估数据现状、技术现状、应用现状和环境。

2）制定数据战略规划，包含但不限于愿景、目标、任务、内容、边界、环境和蓝图等。

3）指导数据治理方案的建立，包含但不限于实施主体、责权利、技术方案、管控方案、实施策略和实施路线等，并明确数据管理体系和数据价值体系。

4）明确风险偏好、符合性、绩效和审计等要求，监控和评价数据治理的实施并持续改进。

（2）组织构建。构建应聚焦责任主体及责权利，通过完善组织机制，获得利益相关方的理解和支持，制定数据管理流程和制度，以支撑数据治理的实施，至少应做好以下几项工作。

1）建立支撑数据战略的组织机构和组织机制，明确相关的实施原则和策略。

2）明确决策和实施机构，设立岗位并明确角色，确保责权利一致。

3）建立相关的授权、决策和沟通机制，保证利益相关方理解、接受相应的职责和权利。

4）实现决策、执行、控制和监督等职能，评估运行绩效并持续改进和优化。

（3）架构设计。架构设计应关注技术架构、应用架构和架构管理体系等，通过持续评估、改进和优化，以支撑数据的应用和服务，至少应做好以下几项工作。

1）建立与战略一致的数据架构，明确技术方向、管理策略和支撑体系，以满足数据管理、数据流通、数据服务和数据洞察的应用需求。

2）评估数据架构设计的合理性和先进性，监督数据架构的管理和应用。

3）评估数据架构的管理机制和有效性，并持续改进和优化。

2. 数据治理环境

治理环境是数据治理实施的保障，包含内外部环境和促成因素。

（1）内外部环境。组织应分析业务、市场和利益相关方的需求，适应内外部环境变化，支撑数据治理的实施，至少应做好以下几项工作。

1）遵循法律法规、行业监管和内部管控，满足数据风险控制、数据安全和隐私的要求。

2）遵从组织的业务战略和数据战略，满足利益相关方需求。

3）识别并评估市场发展、竞争地位和技术变革等变化。

4）规划并满足数据治理对各类资源的需求，包括人员、经费和基础设施等。

（2）促成因素。组织应识别数据治理的促成因素，保障数据治理的实施，至少应做好以下几项工作。

1）获得数据治理决策机构的授权和支持。

2）明确人员的业务技能及职业发展路径，开展培训以提升能力。

3）关注技术发展趋势和技术体系建设，进行技术研发和创新。

4）制定数据治理实施流程和制度，并持续改进和优化。

5）营造数据驱动的创新文化，构建数据管理体系和数据价值体系。

6）评估数据资源的管理水平和数据资产的运营能力，不断提升数据应用能力。

3. 数据治理域

数据治理域是数据治理实施的对象，包含数据管理体系和数据价值体系。

（1）数据管理体系。组织应围绕数据标准、数据质量、数据安全、元数据管理和数据生命周期等，开展数据管理体系的治理，至少应做好以下几项工作。

1）评估数据管理的现状和能力，分析和评估数据管理的成熟度。

2）指导数据管理体系治理方案的实施，满足数据战略和管理要求。

3）监督数据管理的绩效和符合性，并持续改进和优化。

（2）数据价值体系。组织应围绕数据流通、数据服务和数据洞察等，开展数据资产运营和应用的治理，至少应做好以下几项工作。

1）评估数据资产的运营和应用能力，支撑数据价值转化和实现。

2）指导数据价值体系治理方案的实施，满足数据资产的运营和应用要求。

3）监督数据价值实现的绩效和符合性，并持续改进和优化。

4. 数据治理过程

数据治理过程是数据治理实施的方法，包含统筹和规划、构建和运行、监控和评价以及改进和优化。

（1）统筹和规划。明确数据治理目标和任务，营造必要的治理环境，做好数据治理实施的准备，包括以下几个方面。

1）评估数据治理的资源、环境和人员能力等现状，分析与法律法规、行业监管、业务发展以及利益相关方需求等方面的差距，为数据治理方案的制定提供依据。

2）指导数据治理方案的制定，包括组织机构和责权利的规划、治理范围和任务的明确以及实施策略和流程的设计。

3）监督数据治理的统筹和规划过程，保证现状评估的客观、组织机构设计的合理以及数据治理方案的可行。

（2）构建和运行。构建数据治理实施的机制和路径，确保数据治理实施有序运行，包括以下几个方面。

1）评估数据治理方案与现有资源、环境和能力的匹配程度，为数据治理的实施提供指导。

2）制定数据治理实施方案，包括组织机构和团队的构建、责权利的划分、实施路线图的制定、实施方法的选择以及管理制度的建立和运行等。

3）监督数据治理的构建和运行过程，保证数据治理实施过程与方案相符、治理资源可用和治理活动可持续。

（3）监控和评价。监控数据治理的过程，评价数据治理的绩效、风险性与合规性，保障数据治理目标的实现，包括以下几个方面。

1）构建必要的绩效评估体系、内控体系或审计体系，制定评价机制、流程和制度。

2）评估数据治理成效与目标的符合性，必要时可聘请外部机构进行评估，为数据治理方案的改进和优化提供参考。

3）定期评价数据治理实施的有效性、合规性，确保数据及其应用符合法律法规和行业监管要求。

（4）改进和优化。改进数据治理方案，优化数据治理实施策略、方法和流程，促进数据治理体系的完善，包括以下几个方面。

1）持续评估数据治理相关的资源、环境、能力、实施和绩效等，支撑数据治理体系的建设。

2）指导数据治理方案的改进，优化数据治理的实施策略、方法、流程和制度，促进数据管理体系和数据价值体系的完善。

3）监督数据治理的改进和优化过程，为数据资源的管理和数据价值的实现提供保障。

组织进行数据治理应对内外部的业务需求、技术环境、竞争环境等现状做好调研和评估，并在此基础上进行愿景、目标、蓝图的数据战略设计。

（四）数据治理策略

1. 数据治理策略概述

数据治理策略是一组规则，旨在保护数据并为数据的访问、使用和完整性建立标准。数据治理策略是数据治理框架的关键组成部分，其指导企业关于数据资产的决策，

同时为涉及数据的活动提供指导方针。

数据治理应该采用最简单的手段管理最有价值的数据，但在实际情况下，很多组织没有制定行之有效的数据治理策略，导致数据治理时可能出现以下情况。

（1）数据质量低下。没有明确的数据治理策略，可能导致数据的准确性、完整性和一致性得不到保障，出现数据错误、冗余和缺失等问题。

（2）数据安全无法保障。缺乏严格的数据安全措施，可能导致数据泄露、被滥用、被篡改等安全问题，给企业带来严重的风险和损失。

（3）数据成本高昂。没有合理的数据治理策略，可能导致数据的存储和管理成本过高，同时数据的冗余和重复也会造成资源浪费。

（4）决策支持能力不足。没有明确的数据治理策略，可能影响数据对决策的支持效果，导致企业无法做出科学、明智的决策。

（5）合规风险增加。没有遵守相关法规和企业规定的数据治理策略，可能增加企业的合规风险，给企业造成经济损失。

（6）数据可访问性差。没有明确的数据治理策略，可能导致数据的可访问性差，使得企业内部不同部门和外部合作伙伴无法方便地获取和使用数据。

（7）数据创新受限。没有规范的数据治理策略，可能限制企业在数据方面的创新和探索，无法充分挖掘数据的潜在价值，影响企业的业务发展和竞争力。

制定数据治理策略，可以帮助企业实现更加高效合规、有价值的数据管理，促进企业可持续发展和创新。

2. 数据治理策略内容

数据治理策略需要根据每个企业的数字化现状、管理模式、企业文化等特征量身定制，但其中包括一些典型的内容。

（1）策略目的。描述策略存在的原因以及其如何支持组织的任务或业务目标。

（2）策略范围。该范围解释谁受数据治理策略的影响。

（3）策略规则。描述指导数据使用和访问的规则的主要部分。

（4）角色和职责。范围从数据治理机构（如数据治理指导委员会或数据治理委员会）和数据所有者，到数据管理员和数据用户。

（5）定义。术语表包括策略中引用的常用术语。一些例子可能包括数据访问、数据用户、数据专员、元数据等。

（6）审查过程。一些组织将数据治理策略包含在企业战略中，描述如何建立、审查和更新数据治理策略。

（7）资源。相关的文档、政策或法规都在数据治理策略文件中得以引用。

（8）对数据相关风险的解释、适用的法规、合规标准和指导原则。

制定数据治理策略时，通常要关注以下关键领域。

（1）组织内部的数据知识、资料库。

（2）数据语言、数据文化、数据实践的一体化。

（3）基于数据的业务流程编排。

（4）数据策略部署。

（5）数据和模型整合。

（6）数据安全和隐私控制。

3. 数据治理策略制定

制定数据治理策略需要遵循以下步骤。

（1）明确目标。需要明确数据治理的目标，如提高数据质量、保护数据安全、降低数据成本等。

（2）确定治理范围。根据目标确定数据治理的范围，包括需要治理的数据类型、数据来源、数据处理过程等。

（3）制定治理策略。根据治理范围，制定相应的治理策略，包括数据的收集、存储、处理、分析、共享和销毁等。

（4）确定责任人。明确数据治理的责任人，包括数据管理员、数据分析师、数据科学家等，确保数据治理工作的顺利进行。

（5）制定评估标准。制定数据治理的评估标准，包括数据质量标准、数据安全标准、数据处理效率标准等，以便对数据治理的效果进行评估。

（6）实施治理计划。根据制定的治理策略和评估标准，实施数据治理计划，并对执行情况进行监控和调整。

（7）持续优化。根据实际情况不断优化数据治理策略和计划，以适应业务需求的变化和技术发展的趋势。

制定数据治理策略时，需要注意以下几点。

（1）要充分考虑数据的来源和特点，制定相应的治理策略。

（2）要注重数据的隐私和安全保护，制定严格的数据安全措施。

（3）要充分考虑数据的共享和利用，促进数据的流通和价值发挥。

（4）要注重数据的规范化和标准化，提高数据的质量和可读性。

（5）要充分考虑技术的可行性和可操作性，选择合适的技术手段进行数据治理。

（五）数据治理核心内容

1. 数据治理统筹和规划

首先要对数据治理工作进行统筹和规划。进行数据治理统筹和规划时，要考虑企业实际情况和市场需求变化。通过确定目标、分析现状、设计组织架构、设计流程、制定标准、确定策略、制订计划、建立监控和反馈机制、培训和宣传以及持续优化等步骤，企业可以规划和实施科学合理的数据治理方案，为企业数据管理和使用提供指导和支持。具体过程和内容如下。

（1）确定数据治理的目标和原则。明确数据治理的目标和原则，目标应该包括提高数据质量、降低数据成本、增强数据安全性、提高决策效率等。数据治理目标应该与企业战略目标保持一致，并确保所有员工都了解并遵循。原则应该包括合规性、可靠性、安全性等。

（2）分析和评估现有数据治理情况。对企业当前的数据治理状况进行全面分析和评估，包括数据的来源、存储方式、使用情况、安全性等。这有助于确定企业的数据治理水平和需求，以及需要改进和优化的方面。

（3）确定数据治理的组织架构。建立一个专门的数据治理组织架构，包括数据治理委员会、数据管理办公室、数据质量团队、数据安全团队等。每个团队的职责应明确，相互协作，以确保数据治理方案有效实施。

（4）设计数据治理流程。数据治理流程包括数据收集、存储、处理、分析、共享和保护等方面的流程。流程应该明确每个步骤的责任人、工作内容和时间表等，以确保数据的准确性和安全性。

（5）制定数据质量标准。制定数据质量标准，包括数据的完整性、准确性、一致性等方面的标准。标准应该根据企业的业务需求和战略目标进行调整和完善，以确保数据的可用性和可靠性。

（6）确定数据安全策略。确定数据安全策略，包括数据加密、备份、恢复等方面的策略。策略应该根据企业的业务需求和战略目标进行调整和完善，以确保数据的安全性和可用性。

（7）制订实施计划。根据流程、标准、策略等，制订具体的实施计划，包括实施时间、责任人、资源分配等。制订实施计划时，应该考虑企业的实际情况和资源限制，以确保实施计划的可行性和有效性。

（8）建立监控和反馈机制。建立数据治理规划实施过程中的监控和反馈机制，及时发现问题并进行调整和改进。这有助于确保规划的有效实施，并及时解决可能出现的问题。

2. 数据治理战略的制定

数据治理战略是指组织为了实现其战略目标而制定和实施的数据治理方针和策略，它定义了治理工作的范围和方法。组织在对数据治理工作进行统筹和规划后，依据数据治理规划内容制定组织的数据治理战略。数据治理战略应与企业整体战略目标保持一致。数据治理战略包括以下内容。

（1）章程。确定数据管理的业务驱动愿景、使命和原则，包括成熟度评估、内部流程分析及当前问题和成功标准。

（2）运营框架和职责。定义数据治理活动的结构和责任。

（3）实施路线图。制订时间计划，涉及最终发布的制度、指令、业务术语、架构、资产价值评估、标准和程序以及所期望业务和技术流程发生的改变、支持审计活动和法规遵从的交付成果。

（4）为成功运营制订计划。为数据治理活动描述一个可持续发展的目标状态。

3. 数据治理组织设计

数据管理组织形式决定组织内数据管理的政策、制度、管理流程的制订、审批和执行，并将长期影响组织内数据管理实践的最终效果。因此，必须结合本单位组织当前情况和未来中短期的发展计划，设计数据管理组织，并结合自身业务发展，调整和变革数据管理组织。没有永久不变的数据管理组织形态，数据管理组织必须与时俱进。

进行数据治理组织设计时，建议考虑的因素如下。

（1）关注本组织当前的数据管理状态。

（2）将业务 / 数据的运营模式与本单位自身组织结构结合。

（3）考虑本单位组织的复杂性和业务管理成熟度、各业务领域的复杂性和管理成熟度，以及未来的可扩展性。

（4）考虑本单位高层的支持力度。

（5）确保领导机构（指导委员会、咨询委员会、董事会等）都是决策机构。

（6）考虑试点规划和分批次实施。

（7）专注于高价值、高影响力的数据域，优先保障已开展的数据管理工作生效，以确保数据管理活动整体、长期能够开展下去。

（8）用好现有资源。

（9）永远不要采用“一刀切”的方法。

（六）数字治理组织形式

数据治理组织形式有很多种，但并没有哪种组织形式是绝对正确和完美的，真正落地时需要考虑组织现阶段的企业文化、数据管理运营模式和人员资源情况等综合因素。以下重点介绍集中式、分布式、联邦式、网络式、混合式等数据运营管理模式及其优缺点。

1. 集中式运营管理模式

最正式和成熟的数据运营管理模式是集中式运营管理模式（见图 3–5）。

这里的一切都归数据管理组织所有。参与数据治理和数据管理的人员直接向负责治理和管理工作，以及元数据管理、数据质量管理、主数据和参考数据管理、数据架构、业务分析等工作的数据管理主管报告。

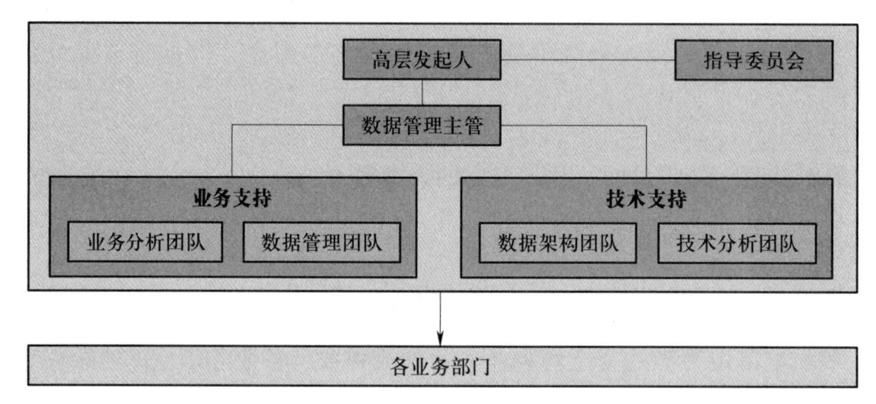

图 3–5　集中式运营管理模式

集中式运营管理模式的优点是能为数据管理或数据治理建立正式的管理职位，且拥有最终决策人。因为职责是明确的，所以决策更容易。在组织内部，可以按不同的业务类型或业务主题分别管理数据。集中式运营管理模式的缺点是其实施时通常需要进行重大的组织变革。数据管理角色的正式分离还存在将其移出核心业务流程，导致知识逐渐丢失的风险。

集中式运营管理模式通常需要创建一个新的组织，但却导致一些问题：数据管理组织在整个企业中的位置如何？谁领导数据管理组织？领导者向谁报告？对数据管理组织而言，不再向 CIO 报告变得越来越普遍，因为数据管理组织希望维护业务而非技术人员对数据的看法。数据管理组织通常也是共享服务部门或运营团队的一部分，或是首席数据官组织的一部分，如像 CDO 办公室这样的新型细分组织。

2. 分布式运营管理模式

在分布式运营管理模式（见图 3–6）下，数据管理职能分布在不同的业务部门和 IT 部门。数据管理指导委员会是各部门开展互相协作的基础，不属于任何一个单独的部门。许多数据管理规划是从基层开始的，目的是统一整个组织的数据管理实践，因

而具有分散的结构。分布式运营管理模式往往在企业中自下而上地出于对数据管理的需求而自发形成。

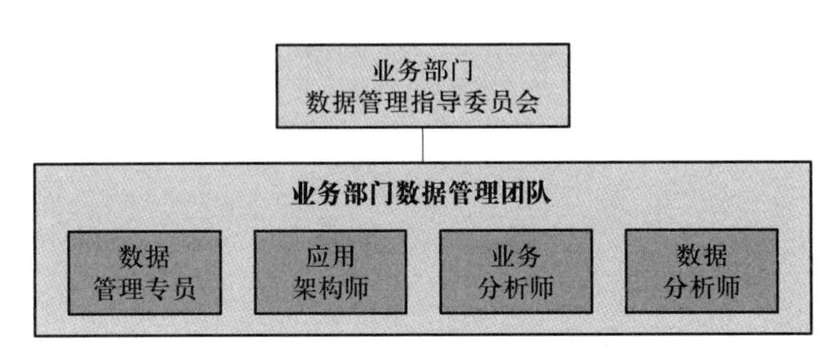

图 3–6　分布式运营管理模式

分布式运营管理模式的优点包括组织结构相对扁平、数据管理组织与业务线或 IT 部门具有一致性等。这种模式通常意味着对数据要有清晰的理解，相对容易实施或改进。

分布式运营管理模式的缺点是，因为较多人员参与治理和制定决策，所以实施协作决策比集中发布号令更加困难。这种模式不太正式，可能难以长期维持。为了取得成功，就需要采用一些方法来强制实践的一致性，但这可能很难协调。此外，使用分布式运营管理模式定义数据所有权也比较困难。

3. 联邦式运营管理模式

作为混合式运营管理模式的一种变体，联邦式运营管理模式（见图 3–7）提供了额外的集中 / 分散层，这在大型跨国企业中通常是必需的。联邦式运营管理模式基于部门和区域进行划分，企业数据管理组织通常具有多种混合式运营管理模式。

联邦式运营管理模式提供了一种具有分散执行特征的集中策略。因此，对跨国公司、多元化央企集团等大型企业来说，这可能是唯一可行的模式。一个负责整个组织数据管理的主管领导，负责管理企业数据管理卓越中心。当然，不同的业务线有权根据需求和优先级来适应要求。这种模式使组织能够根据特定数据实体、部门挑战或区域优先级来确定优先级。

这种模式的主要缺点是管理起来较复杂，因为层次太多，需要在业务线的自治和企业的需求之间取得平衡，而这种平衡会影响企业的优先级。

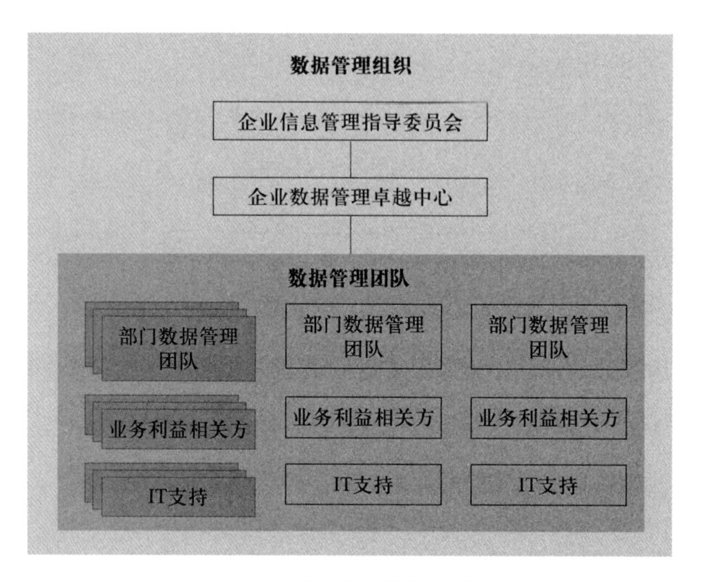

图 3–7　联邦式运营管理模式

4. 网络式运营管理模式

网络式运营管理模式（见图 3–8）通过 RACI［R 代表责任（responsible），A 代表负责（accountable），C 代表咨询（consulted），I 代表知情（informed）］矩阵，利用一系列的文件记录联系和责任制度，可以使分散的非正式组织变得更加正式。网络式运营管理模式作为人和角色之间的一系列已知连接运行，可以表示为“网络”。

网络式运营管理模式的优点类似分布式运营管理模式（扁平化管理、对齐、易于快速设置）。添加 RACI 矩阵有助于在不影响组织结构的情况下建立责任制度。网络式运营管理模式的缺点是需要维护和执行与 RACI 矩阵相关的期望。

5. 混合式运营管理模式

混合式运营管理模式（见图 3–9）具有分布式运营管理模式和集中式运营管理模式的优点。在混合式运营管理模式下，一个集中的数据管理卓越中心与分散的业务部门团队合作，通常通过一个代表关键业务线的执行指导委员会和一系列针对特定问题的技术工作组来完成工作。

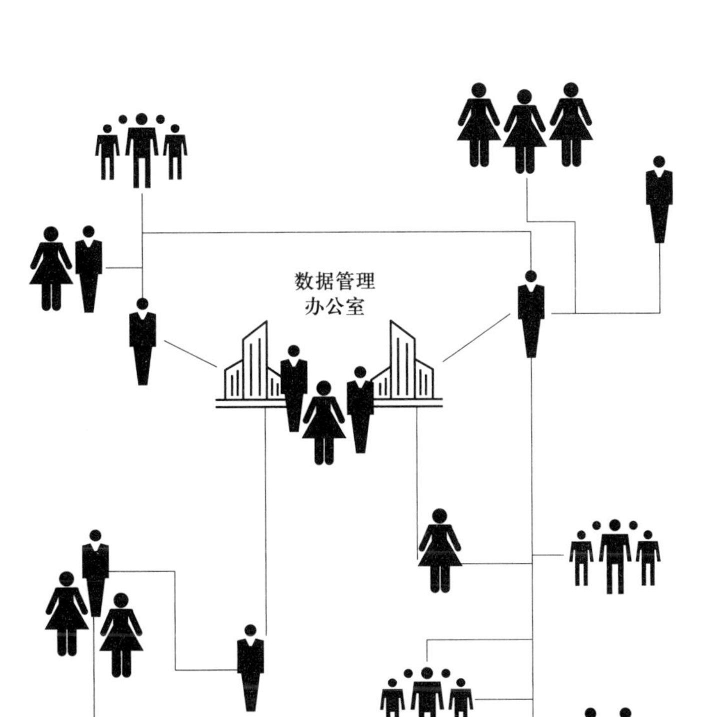

图 3–8　网络式运营管理模式

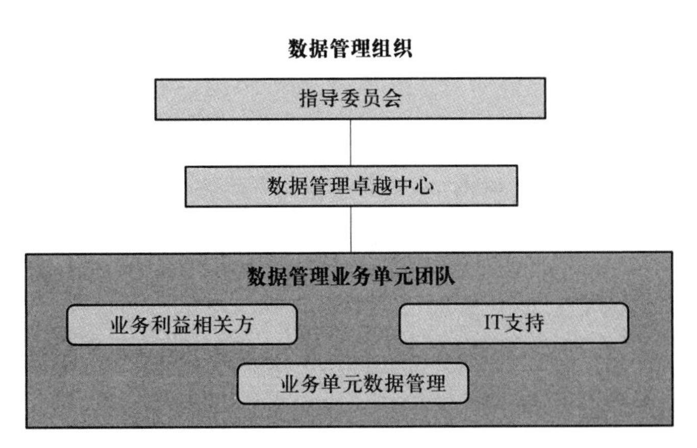

图 3–9　混合式运营管理模式

在这种模式下，一些角色仍然是分散的。例如，数据架构师有可能保留在企业架构组中，业务线可能拥有组织的数据质量团队。哪些角色是集中的，哪些角色是分散的，在很大程度上取决于组织文化和管理风格。

混合式运营管理模式的优点是可以从组织的顶层开始指定适当的指导方向，并且有一位对数据管理或数据治理负责的高管。业务部门团队具有广泛的责任感，可以根据业务优先级进行调整以提供更高的关注度。他们受益于集中的数据管理卓越中心的支持，有助于他们将重点放在特定的挑战上。

混合式运营管理模式面临的挑战在于组织的建立，通常这种模式需要配备额外的人员到数据管理卓越中心。业务部门团队可能有不同工作的优先级，这些优先级需要从企业自身的角度进行管理。此外，数据管理卓越中心的优先事项与各分散组织的优先事项有时也会发生冲突。

（七）数据治理制度建设

数据治理的另一项核心内容是各种规章制度的建设。制度是保障，是规范。制度既可以保障数据管理工作的正确实施，也可以为有关数据管理工作提供指导、规划、监督、考核和审计等。

数据治理制度建设主要包括以下几个方面。

（1）数据认责制度。对公司内部的各类数据，明确其归口管理部门的管理职责，为数据管理工作提供依据。

（2）数据安全和合规制度。旨在保障企业数据安全和符合国家法规要求，使数据处于有效保护和合法利用的状态，具备保障持续安全状态的能力，提高企业竞争力。

（3）数据标准制度。指对数据的分类、定义、编码、格式和转换等进行统一规范管理的制度，其目的是保障数据定义和使用的一致性、准确性和完整性，以提升工作效率、降低出错率并提升数据质量。

（4）数据质量管理制度。指为了保证数据质量，规范数据管理流程和操作，提高数据的准确性、完整性、一致性和可靠性而制定的一系列规章制度和标准。

（5）数据生命周期管理制度。指对数据的产生、采集、传输、存储、共享、使用、销毁等全生命周期进行管理的制度，旨在提高数据的质量、安全性和合规性，同时降低数据的存储和管理成本。

（6）数据价值评估制度。指对数据的价值进行评估的制度，旨在量化数据在企业

发展过程中产生的成本和带来的经济效益，增强企业数据意识，优化企业数据管理工作，使企业在国家数字化转型中取得战略性的优势地位。

（7）数据资产管理制度。指对数据资产进行全面管理和控制的制度，旨在提高数据质量、安全性和合规性，同时降低数据的存储和管理成本。

（八）数据治理流程建设

数据管理流程也是数据治理的一项核心内容。现有的数据管理流程可能需要改造，没有的还需要建立。

组织应主要关注以下数据管理流程。

（1）数据分类分级流程。构建数据分类分级清单，实现数据分类分级可视化，产出一些数据分类分级运营机制，为数据安全分级保护打好基础。

（2）主数据和参考数据管理流程。对主数据和参考数据进行流程管理，满足组织数据需求，确保组织在各个流程中都拥有完整、一致、最新且权威的参考数据和主数据。

（3）数据质量管理流程。包括数据质量标准制定、数据质量检测、数据质量评估和改进等环节。

（4）数据安全保障流程。包括数据加密、数据备份、数据恢复等环节。

（5）数据共享和使用流程。包括数据共享和使用的流程、审批和授权等环节。

（6）数据生命周期管理流程。包括数据的产生、采集、传输、存储、共享、使用和销毁等数据生命周期的管理。

（九）数据治理度量指标

数据治理既要严抓过程，又要注重结果。为了提高数据治理的执行效率，需要建立相应的数据治理考核办法，并关联组织及个人绩效，检验数据治理各个环节的执行效果，以保证数据治理制度的有效推进和落实。

数据治理的度量工作通常与绩效考核、数据质量测量、指标体系校验相结合，着重衡量数据治理的推广进展、与治理需求的符合程度以及为组织带来的价值，重点是充实和强化治理价值的指标。

数据治理度量指标体系见表 3–2。

表 3–2 数据治理度量指标体系

序号	项目	指　　标
1	价值	对业务目标的贡献
		风险的降低
		运营效率的提高
2	有效性	目标的实现
		扩展数据管理专员正在使用的相关工具
		沟通的有效性
		培训的有效性
		采纳变革的速度
3	可持续性	制度和流程的执行情况（即其是否正常工作）
		标准和规程的遵从情况（即员工是否在必要时遵从指导和改变行为）

三、数据标准管理制度

（一）数据标准管理概述

随着数字化时代的到来，数据已经成为企业的重要资产，数据标准是打通数据孤岛、降低数据集成成本、实现数据互联互通，从而实现数据共享的重要手段。数据标准管理是企业数据治理的重要内容。

1. 数据标准

（1）数据标准定义。根据《信息技术数据质量评价指标》（GB/T 36344—2018）中对数据标准的定义，数据标准是数据的命名、定义、结构和取值规范方面的规则和基准；中国信息通信研究院发布的《数据标准管理实践白皮书》中，将数据标准定义为“保障数据内外部使用和交换的一致性和准确性的规范性约束”。

不同行业对数据标准也进行了定义，例如，在《银行数据标准定义规范》中，“数据标准是对数据的表达、格式及定义的一致约定，包含数据业务属性、技术属性和管理属性的统一定义”。

随着我国在数字化和大数据领域的不断创新发展，数据生产要素等新概念被提出，数据标准的内涵和外延也在不断延展和丰富。当下的数据标准已经不再只是对数据的约束，更是帮助组织充分实现数据价值、推动业务高质量发展的一系列方法和规范。

（2）数据标准层级。在我国，数据标准与其他标准一样，分为国家标准、行业标准、地方标准、团体标准和企业标准五个层级。

从标准制定方的角度出发，国家标准、行业标准和地方标准通常由政府部门主导制定，相关行业企业、研究机构、高校等参与，属于政府标准；团体标准和企业标准属于市场标准，由社会层面自行决定是否使用。

从标准约束力的角度出发，国内五个层级的标准中，除国家标准可作为强制性标准外，其余四个层级的标准仅可作为推荐性标准，并不具备强制遵循的约束力。

除了我国的标准，世界上还存在国际标准和区域标准。国际标准是指国际标准化组织制定和认可公布的标准。区域标准是由世界某一区域标准化团体制定通过的标准，这些标准通常在某一个区域施行。这两种标准并不在我国直接推行实施，但可作为我国制定标准的重要参考依据。

2. 数据标准管理

数据标准管理是指对数据的定义、组织、分类、编码、格式、精度、质量等建立统一规范的过程。数据标准管理涉及管理制度、管控流程和技术工具等多个方面，其目标是通过制定和发布由数据利益相关方确认的数据标准，结合制度约束、过程管控、技术工具等手段，推动数据标准化，进一步提高数据质量。

（二）数据标准管理的驱动因素

组织进行数据标准管理的驱动因素有以下几点。

1. 提高组织数据价值和数据利用的机会

通过制定明确的数据标准和质量控制要求，数据标准管理能够提高数据的完整性、准确性、一致性、规范性和可读性，从而提供高质量的数据，为组织提供更准确、可靠的信息，提高组织数据价值和增加数据利用的机会，帮助组织更好地决策和行动。

2. 降低低质量数据导致的风险和成本

低质量的数据可能导致各种问题，如数据不一致、数据泄露、数据失窃等，会给组织带来巨大的风险。

3. 提高组织效率和生产力

数据标准管理能够规范数据的处理流程，明确数据的定义、组织、分类、编码等，避免数据处理过程中的重复工作和浪费，从而提高数据处理效率和生产力。

4. 降低沟通成本

统一的数据标准和规范能够促进不同部门和业务领域之间的沟通协作，减少数据不一致所导致的误解和矛盾，从而降低沟通成本。

5. 保护企业数据资产

通过数据标准管理，可以规范数据的操作和访问权限，防止不必要的数据访问和修改，降低数据泄露风险，从而保护企业数据资产。

6. 提高企业竞争力

准确、可靠的数据是支持业务决策和管理的重要基础。通过数据标准管理，企业可以提供高质量的数据支持，帮助业务部门做出更科学、合理的决策，从而提高企业竞争力。

（三）大数据标准体系

标准化工作需要科学的顶层设计，大数据标准化也不例外。制定体现大数据技术特点且完善的标准体系框架，对制定高质量、体系化的大数据标准至关重要。

1. 大数据标准体系框架

在工信部和国标委的领导下，由全国信息技术标准化技术委员会大数据标准工作组（简称信标委大数据标准工作组）统筹开展我国大数据标准化工作。信标委大数据标准工作组结合国内外大数据标准化情况、国内大数据技术发展现状、大数据参考架构及标准化需求，提出我国的大数据标准体系框架，如图 3–10 所示。

大数据标准体系由七个类别标准组成，分别为基础标准、数据标准、技术标准、平台 / 工具标准、治理与管理标准、安全和隐私标准及行业应用标准。

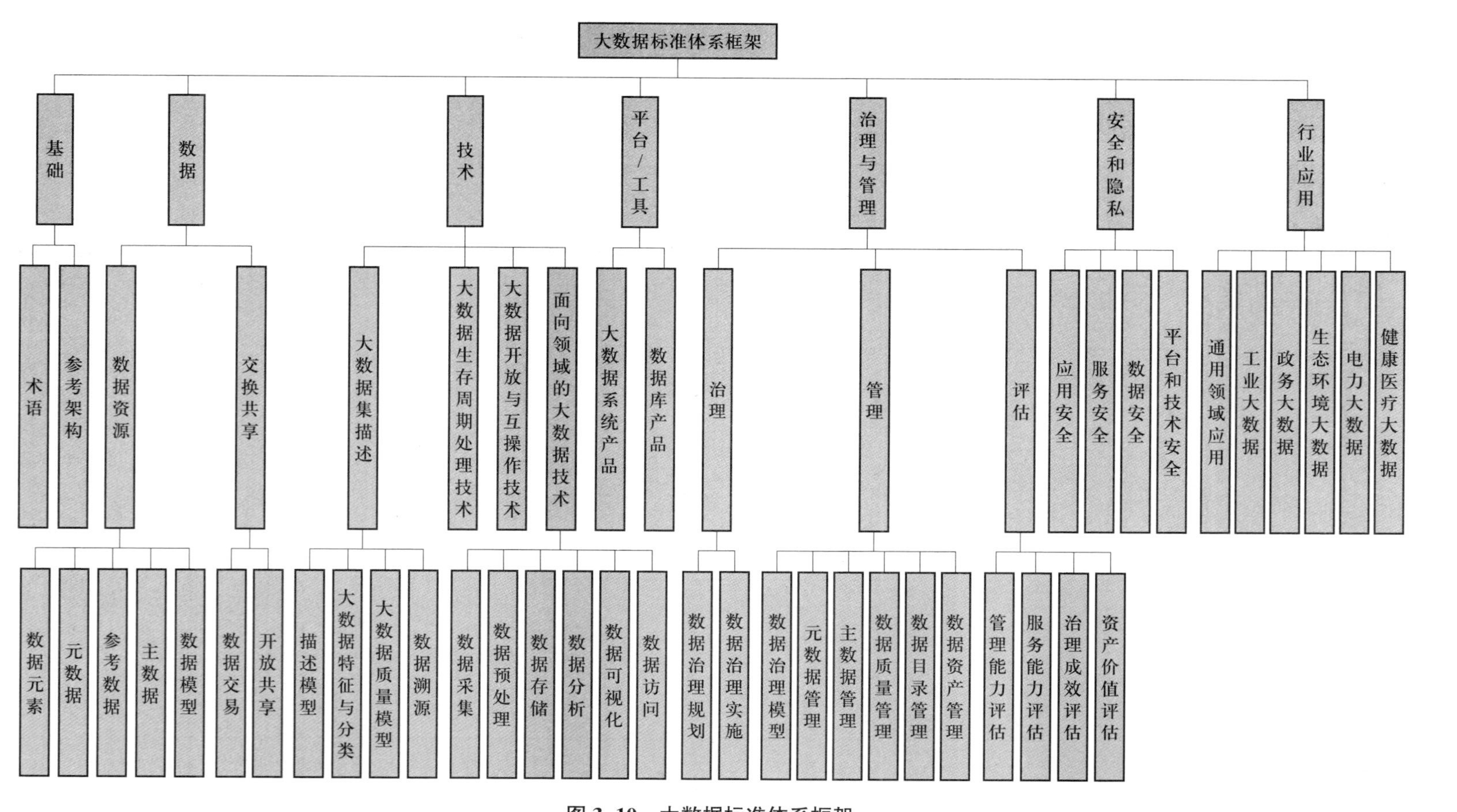

图 3-10　大数据标准体系框架

2. 当前国内外大数据标准

当前，国内外大数据标准化热点领域的标准正在逐步制定和完善，已出台的较完善的国内外大数据标准见表 3–3。

表 3–3　已出台的较完善的国内外大数据标准

<table>
<tr><th rowspan="2">大数据标准化热点领域</th><th colspan="2">国际</th><th colspan="2">国内</th></tr>
<tr><th>制定标准组织</th><th>标准名称</th><th>制定标准组织</th><th>标准名称</th></tr>
<tr><td rowspan="3">基础标准</td><td rowspan="2">ISO（国际标准化组织），IEC（国际电工委员会）</td><td>《信息技术－大数据－概览与术语》</td><td rowspan="3">信标委大数据标准工作组</td><td>《信息技术　大数据术语》</td></tr>
<tr><td>“信息技术－大数据－参考架构”系列标准</td><td rowspan="2">《信息技术　大数据技术参考模型》</td></tr>
<tr><td>ITU（国际电信联盟）</td><td>《基于云计算的大数据需求与能力》</td></tr>
<tr><td rowspan="5">数据标准</td><td rowspan="5">ITU（国际电信联盟）</td><td>《大数据－数据交换框架与需求》</td><td rowspan="5">信标委大数据标准工作组</td><td>“信息技术　大数据开放共享”系列标准</td></tr>
<tr><td>《大数据－数据溯源需求》</td><td rowspan="4">“信息技术数据交易服务平台”系列标准</td></tr>
<tr><td>《大数据－数据集成概览和功能需求》</td></tr>
<tr><td>《大数据－数据保留概览与需求》</td></tr>
<tr><td>《大数据－元数据框架与概念模型》</td></tr>
<tr><td rowspan="4">管理标准</td><td rowspan="4">ITU（国际电信联盟）</td><td rowspan="4">《数据资产管理框架》</td><td rowspan="4">CCSA TC601（中国通信标准化协会大数据技术标准推进委员会）</td><td>《数据资产管理实践白皮书（2.0）》</td></tr>
<tr><td>《数据资产管理实践白皮书（3.0）》</td></tr>
<tr><td>《数据资产管理实践白皮书（4.0）》</td></tr>
<tr><td>《数据资产管理实践白皮书（5.0）》</td></tr>
</table>

续表

大数据标准化热点领域	国际		国内	
	制定标准组织	标准名称	制定标准组织	标准名称
安全和隐私标准	欧盟	《通用数据保护条例》	SWG-BDS（全国信息安全标准化技术委员会大数据安全标准特别工作组）	《信息安全技术　个人信息安全规范》
	ITU（国际电信联盟）	《移动互联网服务中大数据分析的安全要求与框架》		《信息安全技术　大数据服务安全能力要求》
		《大数据服务安全指南》		《信息安全技术大数据安全管理指南》
		《大数据基础设施及平台安全指南》		《信息安全技术个人信息安全影响评估指南》
		《电信大数据生命周期管理安全指南》		《信息安全技术个人信息去标识化指南》
				《信息安全技术数据安全能力成熟度模型》
				《信息安全技术数据交易服务安全要求》
行业应用标准	—		信标委大数据标准工作组	《信息技术　大数据工业应用参考架构》
				《信息技术　大数据产品要素基本要求》
				《智能制造　对象标识要求》
				《智能制造　制造对象标识解析体系应用指南》

3. 我国重点标准

依托信标委大数据标准工作组，我国自主研制形成一批大数据领域国家标准，并开展了试验验证、试点应用工作，主要国家标准如下。

（1）GB/T 35589—2017《信息技术　大数据技术参考模型》。

（2）GB/T 36073—2018《数据管理能力成熟度评估模型》。

（3）GB/T 38673—2020《信息技术 大数据 大数据系统基本要求》。

（4）“信息技术大数据开放共享”系列标准。

（四）数据标准管理实施活动

数据标准管理的目标是通过制定和发布由数据利益相关方确认的数据标准，结合制度约束、过程管控、技术工具等手段，推动数据的标准化，进一步提升数据质量。

数据标准的管理对组织来说是一个复杂的系统工程，要有效地开展这项工作，首先需要规划数据标准建设范围、建设内容、实施路线图等，然后制定、发布并执行数据标准，最后根据业务的发展、技术的更新，以及企业的实际情况，评估并动态维护已发布的数据标准，将变更后的数据标准落实到各个执行环节，如此迭代反复。可见，数据标准的管理是一个持续改进的过程，如图 3–11 所示，数据标准管理流程可分为数据标准规划、数据标准编制、数据标准评审发布、数据标准执行、数据标准维护增强 5 个过程。

1. 数据标准规划

数据标准的规划设计包括业务和信息化调研、数据资源盘点、数据标准需求分析、数据标准体系设计、数据标准实施路线图制定等方面工作，最终交付目标是形成本组织数据标准体系框架，明确数据标准建设范围和内容，发布数据标准建设实施路线图等。

（1）业务和信息化调研。要想做好数据标准规划，现状的输入必不可少。数据标准本质上是为业务服务的，所以业务层面的发展战略目标和数据价值诉求需要重点关注。此外，信息化系统作为数据载体，也需要对现状进行全面调研，才能准确界定数据标准范围。

首先，在发展战略方面，从整体战略布局、核心竞争力、战术方法、业务方向等维度分析，明确组织的优劣势，建立战略目标与数据价值的链接，确保满足战略一致性原则。

其次，在业务内容方面，收集组织各个业务领域的工作报告、制度文件、标准规范、数字化进程等相关资料，同时对业务部门相关领导和骨干进行调研访谈，识别和理解组织的业务价值链、数字化转型措施等。

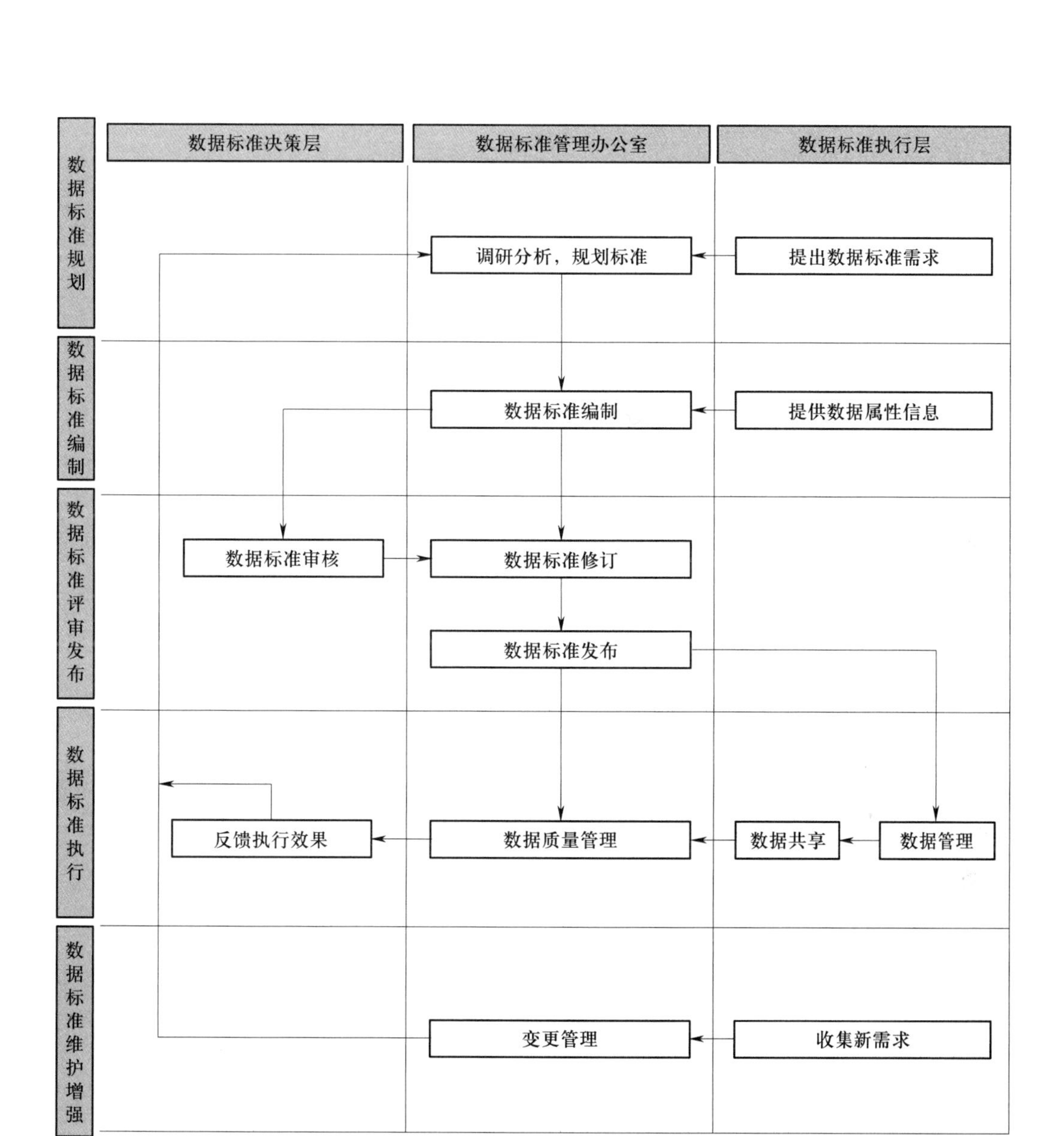

图 3–11　数据标准管理流程

最后，在信息化建设方面，收集信息化建设相关制度文件、系统功能、数据库等资料，了解内部数据的整体分布情况。

（2）数据资源盘点。在数据标准制定前，应对组织内部数据资源进行全面盘点，以了解本组织掌握的数据资源有哪些。要确定盘点范围、盘点内容、盘点方法和步骤，相关的执行流程和模板工具可以交给执行人员处理。

盘点工作应当以业务调研过程中明确的业务单元、业务价值链条和业务流程为维度，全面盘点线上及线下文档、表单等数据，明确数据的责任主体、重要性、使用频率、存储地点、保密级别等属性，从而摸清各业务系统的数据情况，评估数据标准应用的业务场景。

（3）数据标准需求分析。数据标准需求来源主要有三个方面。

首先是从业务问题中来。针对日常业务中存在的问题，通过各业务环节数据流向、数据分布识别，结合对业务流程、关联数据等的分析结果，找出数据层面问题，评估是否可以通过数据标准的制定来解决这些问题。

其次是从需求目标中来。通过高层访谈等方式，明确数据标准制定的需求和目标，将数据标准相关组织和制度、平台和工具建设的需求和目标，总结归纳成《数据标准需求分析报告》，为后续数据标准的制定、发布、推广落地做好前期准备。

最后是从外部约束中来。广泛收集并参考国家标准、行业标准、地方标准、团体标准、组织标准等相关数据标准的工作经验，研究并参照本行业数据标准体系规划、数据标准制定的实践经验，形成符合自身情况的数据标准体系。

（4）数据标准体系设计。结合前期调研结果、行业最佳实践经验，在对组织现有业务、信息化和数据现状进行分析的基础上，根据数据标准体系建设原则，基于业务和数据对象的分类，研究并设计构建数据标准体系框架，明确各类数据标准对业务的支撑情况。该项工作最终的交付成果主要包括数据标准体系框架和业务支撑关系清单。

（5）数据标准实施路线图制定。根据已定义的数据标准体系框架，以及从数据标准需求分析中得出的需求迫切程度，结合组织自身在业务系统、数据建设的优先级关系，制订分阶段、分步骤的数据标准体系建设计划，有步骤地建立相关组织，创设相关制度，建设相关平台和工具，最终形成数据标准体系建设的实施路线图，指导各项工作有序落地。

（6）批准和发布数据标准框架和规划。由数据标准管理的决策层审核数据标准体系框架和规划实施路线图，并批准和发布。

2. 数据标准编制

数据标准编制是指在完成数据标准体系设计的基础上，制定具体的数据标准及相关规则。

（1）数据标准内容的组成部分。每个组织对数据标准的要求不一样，因此每个组织需要建设的数据标准内容也不一样。

数据标准可以从业务标准、技术标准、管理标准三个方面来定义。

1）业务标准。用于统一业务语言，明确定义每个属性所遵从的业务定义和用途、业务规则、同义词，并对名称进行统一定义，避免重复。

2）技术标准。对 IT 实施形成必要的指引和约束，包括数据类型、长度，如果存在多个允许值，则应对每个允许值进行明确限定。

3）管理标准。明确各业务部门在贯彻数据标准管理方面应承担的责任，包括业务规则责任主体、数据维护责任主体、数据监控责任主体，因为很多情况下这些责任并不是由同一个业务部门来承担的，所以必须在标准制定时就约定清楚。

数据标准说明见表 3–4。

表 3–4 数据标准说明

数据标准内容		说明
数据资产目录	主题域分组	公司顶层数据分类，通过数据视角体现最高层面关注的业务领域
	主题域	互不重叠数据的高层面分类，用于管理下一级的业务对象
	业务对象	业务领域的重要人、事、物，承载了业务运作和管理涉及的重要信息
	逻辑数据实体	具有一定逻辑关系的业务属性集合
	业务属性	描述所属业务对象的性质和特征，反映信息管理的最小粒度
定义及规则	引用的数据标准	说明该业务属性是否引用已定义的数据标准
	业务定义	对业务属性的定义，解释业务属性是什么及其对业务的作用
	业务规则	业务属性的业务规则，包括但不限于业务属性在各场景下的变化规则和编码含义等

续表

数据标准内容		说　明
定义及规则	数据类型	业务定义的数据类型，如文本、日期、数字等
	数据长度	业务定义的数据长度
	允许值	业务属性对应的允许值清单
	数据示例	属性实例化的样例，用以帮助其他人员理解此业务属性
	同义词	业务对同一属性可能有不同的称呼，在此列出业务对此属性的其他称呼
	标准应用范围	业务数据标准在全公司范围、领域或区域范围内遵从
责任主体	业务规则责任主体	业务规则制定的责任部门
	数据维护责任主体	数据维护的责任部门
	数据质量监控责任主体	数据质量监控的责任部门

（2）数据标准编制应遵循的原则

1）共享性。数据标准定义的对象是具有共享、开放、交易等流通需求的数据，因此数据标准应具有跨部门的共享特性。反之，如果数据只是被单一部门、单一系统使用，则是否需要花费资源去定义标准就是需要斟酌的事情。

2）唯一性。数据标准的命名、定义等内容应具有唯一性和排他性，不允许同一层次下数据标准内容出现二义性。一旦出现二义性，就意味着数据标准失效，可能造成数据的进一步混乱。

3）稳定性。数据标准需要保证权威性，不宜频繁地对其进行修订或删除，应在特定范围和时间区间内尽量保持其稳定性。

4）扩展性。数据标准并非一成不变，业务环境的发展变化可能触发标准定义的需求。因此数据标准应具有可扩展性，各种类别的约束性条件或规则应当彼此独立，不应存在关联关系，从而可以方便地进行扩展变更。

5）前瞻性。数据标准定义应积极借鉴国际标准、国家标准、行业标准和规范，并

充分参考同业的先进实践经验，使数据标准不但能够适用于当前，而且能够充分体现组织业务的发展方向。

6）可行性。数据标准应依托于组织现状，充分考虑业务改造风险和技术实施风险，并能够指导组织数据标准在业务、技术、操作、流程、应用等各个层面的落地工作。

（3）数据标准编制策略。企业可以通过对组织现行的数据标准化建设进行了解和评估，结合行业标准化的策略和经验，制定符合实际情况的企业级数据标准化管理策略。

1）设立具有权威性的企业数据标准化管理组织，由专门的人员或组织负责标准化管理工作，确定人员职责。

2）确立可遵循、可重复使用、统一的标准化工作流程。

3）首先参考国家标准委员会编制的国家标准，其次参考国际标准化组织编制的关于本行业的标准；当找不到相应标准可以引用时，再编制本单位的企业级标准。

（4）数据标准的编制方法。数据标准的编制方法主要分成“自上而下”体系化推进法和“自下而上”汇聚提炼法两种，分别适用于不同的组织环境和不同的发展阶段。

1）“自上而下”体系化推进法。“自上而下”体系化推进法是一种以组织业务蓝图为导向的数据标准编制方法。这种方法的基础是业务流程梳理分析及各环节的业务对象或业务事项。在这个过程中，利用流程建模可以获得业务的主导方和相关参与方，并确定业务的实施细节，进行相关属性信息的提取。最后针对提取出的属性，围绕业务定义、标识、表示及允许值等进行约束条件设定，从而形成数据标准。一般步骤为业务流程梳理、业务流程建模、业务对象/事项识别、属性信息提取、数据标准制定。这种方法适用于两种情况，一种是组织或企业没有太多信息化历史包袱，可以体系化统筹考虑信息化建设和数据标准同步推进的可能性；另一种是组织或企业内部自上而下有较强的行政管理效力，能强有力地推动体系化数据标准管理所需的配套信息系统改造、存量数据全面标准化等工作。

2）“自下而上”汇聚提炼法。“自下而上”汇聚提炼法是一种以系统内部物理数据表为切入点的数据标准编制方法。这种方法不需要太多基础，甚至在数据标准规划相关工作都没有做的情况下，该方法一样可以使用。如果已经完成信息系统数据的盘点，那么就已有了不错的基础。这种方法的主要过程并不复杂。首先选定信息系统数据范围，梳理已有的数据表及字段；其次在字段基础上根据“数据 - 业务”关系提炼出业务对象的属性；再次对提炼出来的业务对象和属性进行汇总，将相同的进行合并，形成对象属性清单；最后针对属性制定相应的数据标准。

通过这种方法最终制定出来的数据标准体系程度不高，更多地适用于实际现状需要，前瞻性不足。

这种方法主要适用于三种情况，第一种是投资有限，无法支撑“自上而下”体系化推进法有效开展的情况；第二种是历史包袱较重，且执行力强度不高，难以推动已有系统或数据改造的情况；第三种是暂时没有远期目标，但却知道必须马上着手做一些事情的情况。

3. 数据标准评审发布

数据标准制定工作初步完成后，数据标准管理团队需要就已制定的数据标准征询数据管理部门、数据标准部门、相关业务部门、内外部专家的意见，完成意见分析和标准修订后，进行标准发布。数据标准评审发布的主要流程包括数据标准意见征询、数据标准审议、数据标准发布三个步骤。

（1）数据标准意见征询。意见征询工作是指对拟定的数据标准初稿进行宣传介绍，同时广泛收集相关数据管理部门、业务部门、开发部门、内外部专家的意见，降低数据标准不可用、难落地的风险。

（2）数据标准审议。数据标准审议工作是指在数据标准意见征询的基础上，对数据标准进行修订和完善，同时提交数据标准管理部门审议，以提升数据标准的专业性和可管理执行性。

（3）数据标准发布。数据标准发布工作是指数据标准管理部门将审议定稿的数据标准提交给数据管理决策组织，如数据治理委员会，经过一系列最终审批流程后，以数据管理最高决策者的名义正式发布，并要求贯彻执行。

4. 数据标准执行

数据标准执行是指把组织已经发布的数据标准应用于信息建设，消除数据不一致、提升数据质量、实现数据标准化的过程。数据标准执行一般包括以下步骤：评估确定落地范围、制定落地执行方案、推动落地方案实施。

（1）评估确定落地范围。数据标准制定完成并发布后，必须考虑并决定是在某个范围内执行数据标准还是要全面开展。这个决策必须考虑组织或者企业的自身现状以及标准执行会带来的潜在影响和收益。绝大多数情况下，会圈定一个试点范围，先行先试，取得一定成果并结合实际进行优化后，再逐步扩大数据标准执行的范围，这是一种相对稳妥、有效的策略。

（2）制定落地执行方案。确定数据标准落地的范围和策略后，就需要制定详细的落地执行方案。方案要满足落地的质量、时间期望等要求。方案制定完成后，应提交至数据管理决策组织审核，通过后也应通过数据管理最高决策机构正式下发。

（3）推动落地方案实施。要推动数据标准落地执行方案真正得到执行，首先要组织建立宣贯培训机制，其次要争取领导者对数据标准的认可和支持，最后要进行相关工具、平台的建设和改造，尽量减少对人的依赖。

5. 数据标准维护增强

数据标准会随着业务发展以及数据标准执行效果而不断更新和完善。

在数据标准维护初期，首先需要完成需求收集、需求评审、变更评审、发布等多项工作，并对所有修订进行版本管理，以使数据标准“有迹可循”，便于数据标准体系和框架维护的一致性。其次应制定数据标准运营维护路线图，遵循数据标准管理工作的组织结构与策略流程，各部门共同配合实现数据标准的运营维护。

在数据标准维护中期，主要完成数据标准日常维护工作与数据标准定期维护工作。日常维护是指根据业务的变化，常态化开展数据标准维护工作，比如当企业拓展新业务时，应及时增加相应数据标准；当企业业务范围或规则发生变化时，应及时变更相应数据标准；当数据标准无应用对象时，应废止相应数据标准。定期维护是指对已定义发布的数据标准定期进行标准审查，以确保数据标准的持续实用性。通常来说，定期维护的周期一般为一年或两年。

在数据标准维护后期，应重新制定数据标准在各业务部门、各系统的落地执行方案，并制订相应的落地计划。在数据标准体系下，由于增加或更改数据标准分类而使数据标准体系发生变化，或在同一数据标准分类下，因业务拓展而增加新的数据标准时，应遵循数据标准编制、审核、发布的相关规定。

（五）数据标准管理工作评估

为保证建设的数据标准更好地落地实施，并保证标准在不同部门中的可获取性和一致性，开展数据标准化工作后，需要组织团队对数据标准管理工作进行全面评估和客观评价。

数据标准管理工作评估是数据标准管理的重要组成部分，通过开展评估工作，利益相关方可以掌握数据标准的建设情况、贯标情况、应用情况、效益情况，及时发现数据标准在建设、贯标、应用过程中存在的不足，有利于及时修订、完善数据标准，优化配套的管理机制和流程，进而提升数据标准的适用性和先进性，解决标准缺失老化滞后、交叉重复矛盾、内容不合理等问题，有效促进数据标准应用效益的最大化。

1. 评估标准

（1）符合相关法律法规。企业数据标准管理工作需要符合国家相关法律法规的要求，包括《个人信息保护法》《网络安全法》等。评估时需要关注企业数据标准是否符合相关法律法规的要求。

（2）可操作性。企业数据标准需要具备可操作性，以便在实际工作中得以贯彻执行。评估时需要关注数据标准的可操作性，包括标准的明确性、流程的合理性等。

（3）实际应用效果。企业数据标准的实际应用效果是评估的重要方面。评估时需要关注数据标准在实际工作中的执行情况，以及其对业务发展的贡献，包括提升业务规范性、提升工作效率、降低沟通成本等。

2. 评估方法

采用问卷调查、实地调研、数据统计和分析等方法，对企业数据标准管理工作的

现状进行全面了解。

3. 评估步骤

对数据标准管理工作进行评估时，应根据评估标准制定相应的评估指标体系，包括法律法规符合度、可操作性、实际应用效果等指标。这些指标可以用于评估数据标准化工作的实施效果和改进数据标准化工作的质量。以下是制定数据标准化评估指标的一些步骤。

（1）确定评估标准。需要明确评估标准，包括数据标准化工作的目标、评估内容、评估方法等。

（2）制定评估指标。根据评估标准制定相应的评估指标体系。评估指标应该具有可操作性和实际应用效果，同时要考虑数据的可获取性和可重复性。

（3）确定权重和分值。制定评估指标时，需要确定每个指标的权重和分值，以便于评估结果的计算和比较。

（4）制定评估方法。评估方法应该具有客观性和可重复性，以便于对数据标准化工作进行客观评价。

（5）实施评估。根据制定的评估指标和评估方法，对数据标准化工作进行评估，并计算出相应的评估结果。

（6）反馈和改进。根据评估结果，对数据标准化工作进行反馈和改进，以提高数据标准化工作的质量和效率。

四、元数据管理

（一）元数据管理概述

随着企业数字化转型的持续深入，数据的价值化、资产化正成为数据管理工作的转型重点方向。在这种情况下，梳理组织的数据资源、了解组织的数据资产就成了数据治理的重要工作内容。随着组织收集和存储数据能力的提升，元数据在数据管理中的作用变得越来越重要。要实现数据驱动，组织必须对元数据进行管理，先实现元数据驱动。

1. 元数据

（1）元数据的概念。元数据是描述数据的数据，可以归类为元数据的信息范围很广，不仅包括技术和业务流程、数据规则和约束，而且包括逻辑数据结构与物理数据结构等。其描述了数据本身（如数据库、数据元素、数据模型等）、数据表示的概念（如业务流程、应用系统、软件代码、技术基础设施等）、数据与概念之间的联系。元数据可以帮助组织理解其自身数据、系统和流程，同时帮助用户评估数据质量，这对数据库与其他应用程序的管理不可或缺，且有助于处理、维护、集成、保护和治理其他数据。

（2）元数据的分类。元数据通常可分为三类：业务元数据、技术元数据和操作元数据。

这些类别使人们能够理解属于元数据总体框架下的信息范围，以及元数据的产生过程。同时，这些类别也可能导致混淆，特别是当人们对一组元数据属于哪个类别或应该由谁使用这个类别产生疑问时，最好是根据数据来源而不是使用方式来考虑这些类别。就使用而言，元数据不同类型之间的区别并不严格，技术和操作人员既可以使用业务元数据，又可以使用其他类型元数据。

1）业务元数据。业务元数据主要关注数据的内容和条件，同时，也包括与数据治理相关的详细信息。代表性的业务元数据有主题域、概念、实体、属性的非技术名称和定义、属性的数据类型和其他特征，如范围描述、计算公式、算法和业务规则、有效的域值及其定义等。

2）技术元数据。技术元数据是提供有关数据的技术细节、存储数据的系统以及在系统内和系统之间数据流转过程的信息。代表性技术元数据有物理数据库表名和字段名、数据 CRUD（增、删、改、查）规则、源到目标的映射文档、数据访问权限等。

3）操作元数据。操作元数据描述了处理和访问数据的细节，如批处理程序的作业和执行日志，审计、平衡、控制度量的结果，容量和使用模式，数据共享规则和协议，抽取历史和结果等。

不同类型元数据示例见表 3–5。

表 3-5　　不同类型元数据示例

元数据类型	示　　例
业务元数据	数据集、表、字段的定义和描述
	业务规则、转换规则、计算公式和推导公式
	数据模型
	数据质量规则和检核结果
	数据的更新计划
	数据溯源和数据血缘
	数据标准
	特定的数据元素记录系统
	有效值约束
	利益相关方联系信息（如数据所有者、数据管理专员等）
	数据的安全 / 隐私级别
	已知的数据问题
	数据使用说明
技术元数据	物理数据库表名和字段名
	字段属性
	数据库对象的属性
	访问权限
	数据 CRUD（增、删、改、查）规则
	物理数据模型，包括数据表名、键和索引
	记录数据模型与实物资产的关系
	抽取、转换和加载（extraction-transformation-loading，ETL）作业详细信息
	文件格式模式定义
	源到目标的映射文档
	数据血缘文档，包括上游和下游变更影响的信息
	程序及应用的名称和描述
	周期作业（内容更新）的调度计划和依赖
	恢复和备份规则
	数据访问的权限、组、角色

续表

元数据类型	示　例
操作元数据	批处理程序的作业和执行日志
	抽取历史和结果
	调度异常处理
	审计、平衡、控制度量的结果
	错误日志
	报表和查询的访问模式、频率和执行时间
	补丁和版本的维护计划、执行情况，以及当前的补丁级别
	备份、保留、创建日期、灾备恢复预案
	服务水平协议要求和规定
	容量和使用模式
	数据归档、保留规则和相关归档文件
	清洗标准
	数据共享规则和协议
	技术人员的角色、职责和联系信息

（3）非结构化数据的元数据。从本质上来说，所有数据都有一定的结构，但并非所有数据都以行、列的形式在我们熟悉的关系型数据库中进行记录。不在数据库或数据文件中的数据（包括文档或其他介质）都被认为是非结构化数据。图书馆中的书籍和杂志就是很好的非结构化数据的例子，目录卡片中元数据的主要用途是找到所需材料，而不必在意其格式。

非结构化数据的元数据包括：描述元数据，如目录信息和同义关键字；结构元数据，如标签、字段结构、特定格式；管理元数据，如来源、更新计划、访问权限和导航信息；书目元数据，如图书馆目录条目；记录元数据，如保留策略；保存元数据，如存储、归档条件和保存规则。

大多数人断言非结构数据的元数据管理与传统的内容管理问题相关，但是围绕数据湖中的非结构化数据管理出现了新的实践。希望利用数据湖、使用 Hadoop 等大数据平台的组织发现，它们必须对采集的数据进行编目，以便以后访问。在多数情况下，

收集元数据作为数据采集流程的一部分，需要收集关于在数据湖中采集的每个对象的最小元数据属性集（如名称、格式、来源、版本、接收日期等），这将生成数据湖内容的目录。

（4）元数据的来源。从元数据的类型可以看出，元数据来源分布广泛，组织常见的元数据来源如下。

1）数据库。应用程序的元数据存储库，如企业资源计划（enterprise resource planning，ERP）、客户关系管理（customer relationship management，CRM）等应用管理程序中的元数据物理表。

2）业务术语表。组织记录和存储业务概念、术语、定义以及术语之间关系的文件、表格等。

3）非结构化数据的元数据。如文件、音频、视频等描述信息。

4）数据库管理和系统目录。数据库管理和系统目录提供数据库的内容、信息大小、软件版本、部署情况、网络正常运行时间等操作元数据。

5）报表。常见的有商务智能（business intelligence，BI）元数据、报表的字段、报表的展现、报表的用户、报表使用的数据等。

6）ETL 的信息。包含数据抽取、转化转换、清洗、装载过程的元数据信息。

7）数据开发工具。如常用的数据存储、集成、调度、配置管理等工具中的元数据信息。

8）数据质量工具。数据质量工具中包含数据质量得分、质量概况、数据标准等信息。

9）数据字典。如数据集的结构和内容。

10）建模工具。建模工具通常是数据字典内容的来源。

11）事件消息工具。事件消息工具在不同系统之间移动数据，并提供描述关于数据移动的元数据。

一般的数据库和软件系统等都自带元数据，作为企业级的元数据管理，需要把这些分散的元数据集成起来，统一管理，统一应用。

2. 元数据管理

（1）元数据管理的概念。元数据管理是指元数据的定义、收集、管理和发布的方法、工具及流程的集合。它涵盖元数据定义，元数据的管理原则、管理模式和方法，元数据相关制度、规范、手册，元数据管理系统，元数据管理相关的日常处理流程等。元数据管理是一个以相关元数据规范、指引为基础，以元数据管理平台为技术支撑，与应用系统的开发、设计和版本制作流程紧密结合的完整体系。

元数据管理是数据资产管理的重要基础，是为获得高质量、整合的元数据而进行的规划、实施与控制行为。元数据管理的内容可以从以下六个角度进行概括。

“向前看”：了解数据加工的创建者身份。

“向后看”：追溯数据加工对其他过程的支持作用。

“看历史”：查看过去数据加工的演化历程。

“看本体”：理解数据加工的定义和格式。

“向上看”：追踪数据加工的上级节点。

“向下看”：识别数据加工的下级节点。

简单地说，元数据管理是为了对数据资产进行有效的组织。使用元数据可以帮助组织管理数据，也可以帮助数据专业人员收集、组织、访问和丰富元数据，以支持数据治理。

可以从技术、业务和应用三个角度理解元数据管理。

从技术角度而言，元数据管理的对象囊括企业的数据源系统、数据平台、数据仓库、数据模型、数据库、表、字段以及字段间的数据关系等技术元数据。

从业务角度而言，元数据管理的对象包含企业的业务术语表、业务规则、质量规则、安全策略以及表的加工策略、表的生命周期信息等业务元数据。

从应用角度而言，元数据管理为数据提供了完整的加工处理全链路跟踪，方便数据的溯源和审计，这对数据的合规使用越来越重要。通过数据血缘分析，可以追溯发生数据质量问题和其他错误的根本原因，并对更改后的元数据进行影响分析。

（2）元数据管理目标和范围

1）元数据管理目标。元数据的管理目标主要包括以下几个方面。

①记录和管理与数据相关的业务术语的知识体系，以确保人们理解和使用数据内容的一致性。

②收集和整合来自不同来源的元数据，以确保人们了解来自组织不同部门的数据之间的相似与差异。

③确保元数据的质量、一致性、及时性和安全性。

④提供标准途径，使元数据使用者（人员、系统和流程）可以访问元数据。

⑤推广或强制使用技术元数据标准，以实现数据交换。

2）元数据管理范围。元数据管理的范围大致有如下三个方面。

①元数据源：元数据源包括数据仓库和数据平台中的数据实体定义和结构信息以及数据接口信息。其中，数据接口信息是指生产系统和操作型系统中采集到数据仓库或者数据平台中的各种数据接口信息。

②报表展现：展现相关指标和统计口径。

③数据集成：汇总数据、处理和分析的数据集成相关信息。

3. 元数据架构类型

可以采用不同的架构方法获取、存储、集成和维护元数据，供数据消费者访问元数据。主要有以下几种元数据架构类型。

（1）集中式元数据架构。其包括一个集中的元数据存储，在这里保存了来自各个元数据来源的元数据最新副本。保证了其独立于源系统的元数据高可用性；加强了元数据存储的统一性和一致性；通过结构化、标准化元数据及其附件的元数据信息，提高了元数据的数据质量。集中式元数据架构有利于元数据标准化统一管理与应用。

（2）分布式元数据架构。其没有持久化的存储库，在这种架构中，元数据管理环境维护必要的源系统目录和查找信息，以有效处理用户查询和搜索。元数据总是尽可能保持最新且有效，因为它是从其数据源中直接检索的；查询则是分布式的，最大限度地减小实施和维护所需的工作量，提高响应和处理的效率。

（3）混合式元数据架构。其结合了集中式和分布式元数据架构的特性，元数据仍然直接从源系统移动到集中式存储库，但存储库设计仅考虑用户添加的元数据、重要的标准化元数据以及通过手工来源添加的元数据。该架构得益于从源头近乎实时地检索元数据和扩充元数据，可在需要时最有效地满足用户需求。

（4）双向元数据架构。其是一种高级架构方法，允许元数据在架构的任何部分（源、数据集成、用户界面）中进行更改，然后将变更从存储库（代理）同步到其原始源以实现反馈。其可以从源头上近乎实时地检索元数据，从而有效满足用户需求，但是必须系统地捕获变更，必须构建和维护附加的一系列处理接口，必须对元数据存储库进行高可用性设计。

（二）元数据管理的驱动因素

元数据管理需要元数据，元数据本身也需要管理，元数据管理的驱动因素主要包括以下几个方面。

（1）业务需求。在复杂的业务环境中，元数据可以帮助企业更好地理解数据，提高数据治理能力，提升业务效率和准确性。

（2）数据质量。元数据是衡量数据质量的重要标准之一。通过元数据管理，企业可以明确数据的来源、定义、约束等属性，确保数据的准确性和完整性。

（3）数据集成与共享。随着业务发展和技术进步，企业需要将不同来源、不同格式的数据集成起来，以支持数据分析、决策支持等应用。元数据管理可以帮助企业建立统一的数据模型和数据标准，实现数据的集成和共享。

（4）法规遵从。随着监管法规的日益严格，企业需要加强对数据的合规性管理。元数据管理可以帮助企业明确数据的来源、定义和约束等属性，确保数据的合规性和安全性。

（5）数据生命周期管理。元数据管理涉及数据生命周期的各个阶段，包括数据的产生、存储、使用、归档和销毁等。通过对元数据进行管理和控制，企业可以更好地管理数据，确保数据的可用性和安全性。

（6）提高组织效率。通过元数据管理，组织可以更有效地收集、整理和使用数据，从而提高组织效率和市场竞争力。

（7）数据资产价值。元数据是企业的数据资产之一，具有潜在价值。通过对元数据进行管理和利用，企业可以发现新的商业机会和创新点，提高业务效率和准

确性。

（8）支持决策制定。元数据可以帮助企业更好地理解数据，从而支持决策制定和战略规划。

（9）提高服务质量。通过元数据管理，企业可以更好地了解客户需求，提高服务质量和客户满意度。

（10）降低运营成本。通过元数据管理，企业可以优化业务流程，降低运营成本，提高盈利能力。

良好的元数据管理工作，可以确保对数据资源的一致理解和跨组织高效开发使用，帮助企业更好地了解自身的数据资产，提高数据的质量和可靠性。

（三）元数据管理方法和工具

1. 元数据管理方法

元数据管理是对分散在众多业务系统中的各类描述性数据进行归集和整理，纳入统一管理平台，保证信息的全面性、准确性，为组织中的技术和业务人员提供帮助，包括数据元素和实体的定义、业务规则和算法以及数据特征的描述。在明确了元数据管理的内容和要求后，企业可以根据需要选择合适的业务元数据和技术元数据管理工具，并制定相应的管理制度进行全面的元数据管理。元数据管理涉及系统广、种类多、变化频繁等因素，需要管理措施和技术手段相互结合才能有效推动，取得成效。

（1）制定管理措施。制定管理措施主要包括以下几个方面。

1）增强思想意识，重视元数据管理。

2）技术部门主导，推动元数据建设。

3）制定管理规范，明确工作要求。

4）充分利用元数据，发挥应有作用。

（2）定义元数据架构。元数据管理系统须具有从不同数据源采集元数据的能力，设计架构时应确保可以扫描不同元数据源和定期地更新元数据存储库，系统须支持手工更新元数据、请求元数据、查询元数据和被不同用户组查询。

受控的元数据环境旨在为最终用户屏蔽元数据的多样性和差异性。元数据架构应为用户访问元数据存储库提供统一的入口，该入口必须向用户透明地提供所有相关元数据资源，这意味着用户可以在不关注数据源的差异的情况下访问元数据。

组织根据具体的需求设计元数据架构。一般要求元数据架构包括创建元模型、应用元数据标准、管理元数据存储。

（3）搭建元数据管理平台。多源异构的数据就像一个个信息孤岛，如何将其集成到统一的数据中心并在统一管理下对外提供数据服务是元数据研究的重点。为了打破数据壁垒，释放数据价值，应用元数据管理技术建立元数据管理平台，实现元数据的采集、变更、删除及检索，并在元数据驱动下实现数据的抽取、转换、加载，结合数据标准管理、数据模型管理和数据质量管理，建立电子化数据目录，最终实现统一的对外数据服务。

元数据管理平台架构如图 3–12 所示。

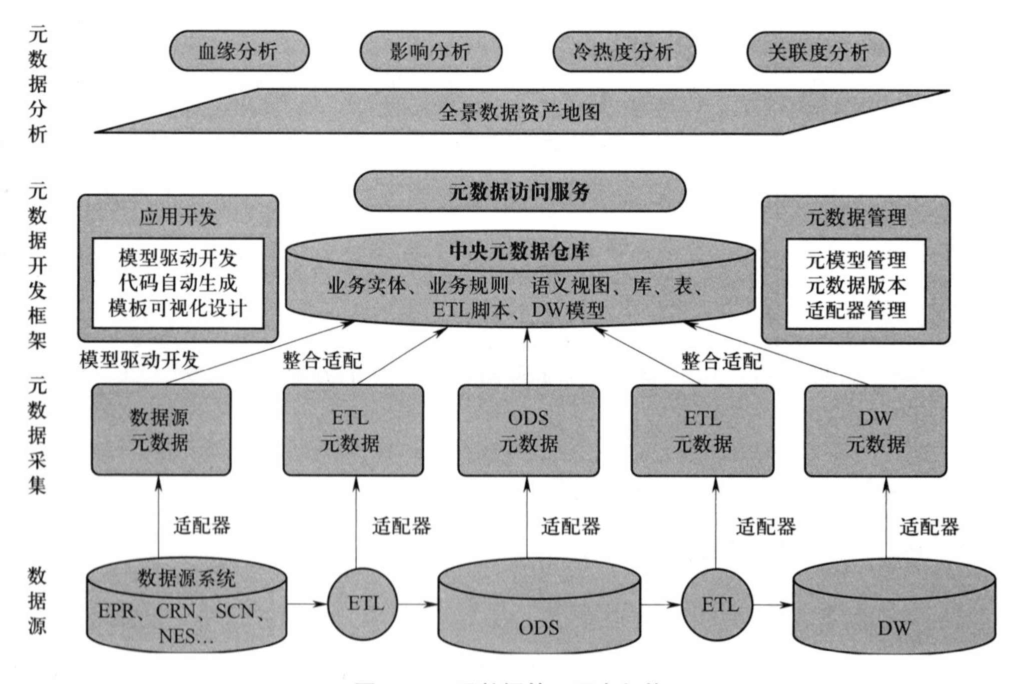

图 3–12　元数据管理平台架构

1）元数据采集服务。在数据治理项目中，常见的元数据有数据源的元数据、数据加工处理过程的元数据、数据仓库或数据主题库的元数据、数据应用层的元数据、数

据接口服务的元数据等。

元数据采集服务提供各类适配器来满足以上各类元数据的采集需求，并将元数据整合处理后统一存储于中央元数据仓库，实现元数据的统一管理。在这个过程中，数据采集适配器十分重要，元数据采集不仅要能适配各种数据库、各类 ETL 数据转换和加载、各类数据仓库和报表产品，而且要能适配各类结构化或半结构化数据源。

①关系型数据库。通过元数据适配器采集来自 Oracle、DB2、SQLServer、MySQL、Teradata、Sybase 等关系型数据库的库表结构、视图、存储过程等元数据。关系型数据库一般提供了元数据的桥接器，例如，Oracle 的 RDBMS 可实现元数据信息的快速读取。

② NoSQL 数据库。元数据采集工具应支持来自 MongoDB、CouchDB、Redis、Neo4j、HBase 等 NoSQL 数据库中的元数据，NoSQL 数据库适配器大多利用了自身管理和查询 Schema 数据库对象的能力。

③数据仓库。对于主流的数据仓库，可以基于其内在的查询脚本，定制开发相应的适配器，对其元数据进行采集。例如，MPP 数据库 Greenplum 的核心元数据都存储在 pg_database、pg_namespace、pg_class、pg_attribute、pg_proc 这几张表中，通过 SQL 脚本就可以对其元数据进行采集。Hive 表结构信息存储在外部数据库中，同时 Hive 提供类似 showtable、describetable 之类的语法对其元数据信息进行查询。当然，也可以利用专业的元数据采集工具来采集数据仓库系统的元数据。

④云中的元数据。随着公有云的日趋成熟，尤其是在中小企业之间，通过提供安全的云连接将云端企业元数据管理用作核心 IT 基础架构的扩展已经成为现实。云端企业元数据管理通过各种上下文改善信息访问，并将实时元数据管理、机器学习模型、元数据 API 推进流数据管道，以便更好地管理企业数据资产。

⑤其他元数据适配器

a. 建模工具适配器。PowerDesigner、ERwin、ER/Studio、EA 等建模工具适配器。

b. ETL 工具适配器。PowerCenter、DataStage、Kettle 等 ETL 工具适配器。

c. BI 工具适配器。Cognos、Power BI 等前端工具中的二维报表元数据采集适配器。

d. Excel 适配器。采集 Excel 格式文件的元数据。

当然，目前市场上的主流元数据产品中未出现“万能适配器”，在实际应用过程中需要进行或多或少的定制化开发。

2）应用开发支持服务。应用开发支持服务主要是元模型驱动的设计与开发，如图 3-13 所示。通过元数据管理平台实现对应用的逻辑模型、物理模型、UI 模型等各类元模型管理，支撑应用的设计和开发。应用开发的元模型有三种状态，分别是：设计态的元数据模型，通常由 ERWin、PowerDesigner 等设计工具产生；测试态的元数据模型，通常是关系型数据，如 Oracle、DB2、MySQL、Teradata 等，或非关系型数据库，如 MongDB、HBase、Hive、Hadoop 等；生产态的元数据模型，其本质上与测试态元数据差异不大。通过元数据平台对应用开发三种状态的统一管理和对比分析，能够有效降低元数据变更带来的风险，为下游 ODS、DW 的数据应用提供支撑。另外，基于元数据的 MDD（代码生成服务），可以通过模型（元数据）完成业务对象元数据到 UI 元数据的关联和转换，自动生成相关代码、表单界面，减少了开发人员的设计和编码量，提高了应用和服务的开发效率。

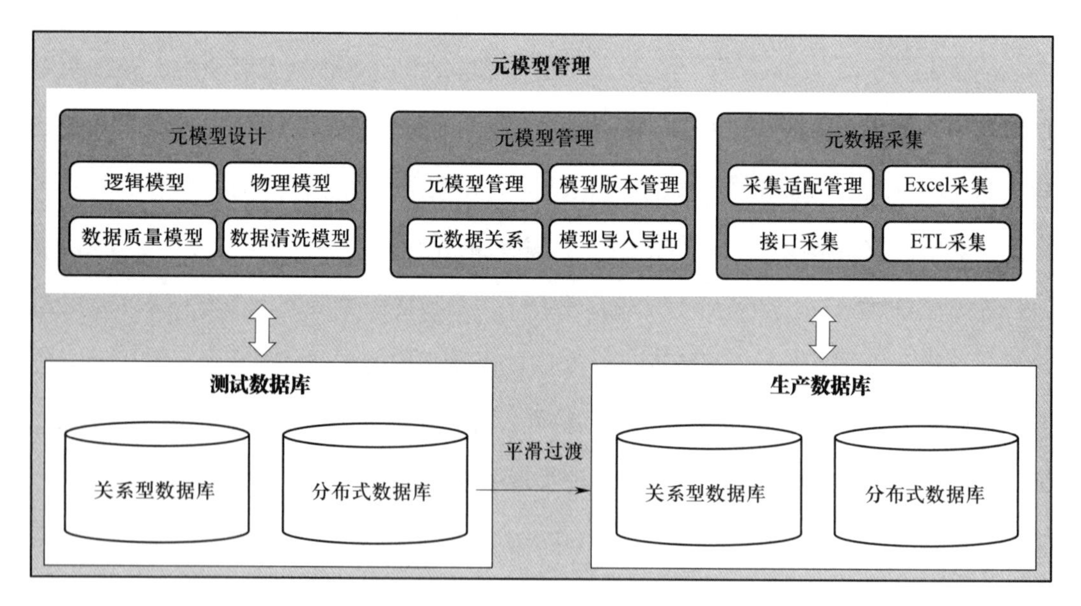

图 3-13　元模型驱动的设计与开发

3）元数据管理服务。市场上主流的元数据管理产品，主要具有元数据查询、元模型管理、元数据维护、元数据版本管理、元数据对比分析、元数据适配器管理、元数

据同步管理、元数据生命周期管理等功能。

4）元数据访问服务。元数据访问服务是元数据管理软件提供的元数据访问的接口服务，一般支持 REST 或 Webservice 等接口协议。通过元数据访问服务支持企业元数据共享，是企业数据治理的基础。

元数据接口规范主要包括接口编码方式、接口响应格式、接口协议、接口安全、连接方式、接口地址等方面的内容。

5）元数据分析服务。元数据分析服务主要包括血缘分析、影响分析、冷热度分析和关联度分析。

①血缘分析。血缘分析旨在揭示数据的源头以及数据经历的处理过程。其价值在于当发现数据问题时可以通过数据的血缘关系，追根溯源，快速定位到问题数据的来源和加工过程，缩短数据问题排查分析的时间和降低其难度。这个功能常用于数据分析发现数据问题时，以便快速定位和找到数据问题的原因。

要想成功发现数据血缘关系，需要兼顾业务焦点和技术焦点。

a. 业务焦点。通过扫描数据迁移、传送或更新的数据元，可以确定特定数据元的上游和下游数据，从而识别和追溯数据血缘关系。可采用图数据库等可视化工具，将数据血缘关系以直观的方式展示出来，方便业务人员和技术人员理解数据来源和流向。为了提高数据血缘关系的可读性和可维护性，需要制定相应的标准和方法，对数据血缘关系进行标准化和规范化。

b. 技术焦点。业务优先级决定了哪些数据的血缘关系需要被重点分析和展示，通过将业务优先级与数据血缘关系结合，可以更好地满足业务需求。数据血缘关系可以反映业务过程中的数据流动和转换，通过将数据血缘关系与业务过程结合，可以更好地理解业务过程中数据的产生、处理和使用情况。数据血缘关系与系统架构密切相关。通过对数据血缘关系的分析，可以了解不同系统之间的数据交互和流程，从而更好地理解系统架构。

②影响分析。影响分析旨在揭示数据去向以及经历的处理过程。其价值在于发现数据问题时可以通过数据的关联关系，向下追踪，快速找到有哪些应用或数据库使用了这个数据，从而避免或削弱数据问题带来更大的影响。这个功能常用于数据源的元

数据变更对下游ETL、ODS、DW等应用的影响分析。

③冷热度分析。冷热度分析旨在揭示企业中哪些数据是经常被使用的，哪些数据可以被视为“僵死数据”。其价值在于让数据活跃程度可视化，让企业中的业务人员、管理人员能够清晰地看到数据的活跃程度，以便更好地驾驭数据，激活或处置“僵死数据”，从而为实现数据的自助式分析提供支撑。

④关联度分析。关联度分析的目标是揭示数据与其他数据之间的关系，以及这些关系是如何建立的。关联度分析是从某一实体关联的其他实体和其参与的处理过程两个角度来查看具体数据的使用情况，形成一张实体及其所参与处理过程的网络，从而进一步了解该实体的重要程度，如表与分析应用、表与其他表的关联情况等。该功能可以用来支撑需求变更的影响评估。

2. 元数据管理工具

元数据管理工具是元数据存储库。元数据存储库包括整合层和手工更新的接口。处理和使用元数据的工具集成到元数据存储库中作为元数据来源。元数据存储库是用于存储元数据的物理数据库表。这些数据库表通常采用关系型数据库，如MySQL，来存储和管理元数据。元数据存储库包括各种类型的元数据，如数据字典、数据血缘、数据质量、数据安全等。

在实际应用中，元数据存储库通常用于管理和维护数据仓库中的元数据。通过使用元数据存储库，组织可以有效地管理和控制其数据资产，包括数据的来源、结构、属性、关系等。此外，元数据存储库还可以提供对数据的详细描述和文档化，以帮助用户更好地理解数据并保证数据的正确使用。

进行元数据管理时，通常需要确定元数据的范围和来源。例如，在实际工作中，通常会选择业务数据作为元数据管理的主要对象，而非业务数据则不会纳入管理范围内。此外，还需要梳理哪些业务系统、数据库、数据库用户和表需要做元数据管理。元数据可以从源系统或数仓中接入，但需要确保数据的准确性和一致性。

除了元数据存储库，管理元数据的工具还包括但不限于以下几类。

（1）元数据采集工具。这类工具用于从不同数据源中自动或半自动地采集元数据，可以自动发现和管理不同数据源和系统中的元数据。

（2）元数据存储和管理工具。这类工具用于存储和管理采集到的元数据。

（3）元数据查询和报告工具。这类工具用于查询和报告元数据，可以通过它查看元数据的详细信息，并根据需要进行筛选和分析。

（4）元数据质量检核工具。这类工具用于检查元数据的质量，可以对元数据进行一致性检核、属性填充率检核和组合关系检核等。

（5）元数据版本管理工具。这类工具用于管理元数据的版本，可以记录元数据的变更历史，并支持对历史版本的查看和比较。

（6）元数据变更监控工具。这类工具用于监控元数据的变更情况。例如，Apache Atlas 提供了变更监控功能，可以实时监控元数据的变更情况，并将变更情况定期发送至用户邮箱或其他指定位置。

（7）数据资产地图。数据资产地图是一种工具，用于明确企业拥有哪些数据、这些数据位于何处，以及这些数据可以用于哪些目的。通过元数据可以对企业数据进行完整的梳理、采集和整合，从而形成企业完整的数据资产地图。数据资产地图支持以拓扑图的形式可视化展示各类元数据和数据处理过程，通过不同层次的图形展现粒度控制，满足业务上不同应用场景的数据查询和辅助分析需要。

3. 非结构化数据元数据管理

如今，越来越多的数据以非结构化格式存储，这些非结构化数据源来自组织的内外部。无论是内部还是外部，都不再需要移动数据到物理环境下的同一位置。通过新技术，可以使程序围绕数据执行，而不是把数据移动到程序里，这样可以减少大量的数据移动，并提高程序执行速度。尽管如此，数据湖中的成功数据管理依然依赖对元数据的有效管理。

元数据标签是一种非结构化数据管理工具，它可以描述数据的基本属性，包括数据源、数据类型、数据格式、数据质量等。大部分采集引擎采集数据后进行数据剖析，通过数据剖析可以识别出数据域、数据关系和数据质量问题，并打上标签。元数据标签通常采用文本形式进行描述，可以有效管理和检索非结构化数据。

（四）元数据管理实施活动

组织在对元数据进行管理时需要进行一系列与元数据相关的管理和处理活动，包括定义元数据策略、理解元数据需求、定义元数据架构、创建和维护元数据、提供元数据服务、监控和管理元数据等。

1. 定义元数据策略

元数据战略描述组织应如何管理其自身元数据，以及元数据从当前状态到未来状态的实施线路。元数据战略应该为开发团队提供一个框架，以提高元数据管理能力。开发元数据需求，可以帮助阐明元数据战略的驱动力，识别并破除潜在障碍。

制定元数据管理策略，包括确定元数据的范围、目标、实施路线等。具体步骤如下。

（1）启动元数据战略计划。这是制定元数据战略的第一步，需要明确元数据战略的目标、实施计划和时间表，并确定相关的人员和资源。

（2）组织关键利益相关方的访谈。通过访谈关键利益相关方，了解其对元数据的需求和期望，以便更好地设计和开发元数据架构。

（3）评估现有的元数据资源和信息架构。通过对现有元数据资源和信息架构的评估，了解现有的数据资产、数据来源、数据处理流程等信息，为制定未来的元数据架构提供基础数据。

（4）开发未来的元数据架构。根据业务需求和数据处理需求，设计未来的元数据架构，包括确定元数据管理的范围、元数据标准、元数据采集和存储方法等。

（5）制订分阶段的实施计划。根据元数据架构和现状评估结果，制订实施计划，包括分阶段实施的目标、实施时间表、责任人等，以确保元数据战略的顺利实施。

2. 理解元数据需求

分析和确定来自业务和技能数据使用者的需求，包括以下几个方面。

（1）需要元数据的类型。业务和技术数据使用者可能对数据表、字段的物理名称和逻辑名称、数据来源、数据类型、数据质量等有需求。此外，业务人员还需要了解业务词汇表、分类标准等。

（2）数据的种详细级别。不同的业务和技术数据使用者对元数据的详细级别有不

同的需求。例如，一些使用者可能只需要了解数据的总体特征，而其他使用者可能需要更详细的数据描述和属性信息。

（3）元数据更新频次。不同的业务和技术数据使用者对元数据的更新频次也有不同的需求。一些使用者可能只需要获取静态的元数据信息，而其他使用者可能需要实时的元数据更新。

（4）安全要求。在某些情况下，元数据可能包含敏感信息，如个人隐私、商业机密等。因此，元数据管理需要满足适当的安全要求，以确保元数据不被未经授权的人员访问或泄露。

3. 定义元数据架构

设计元数据架构，包括如何从不同的数据源中提取元数据、如何存储和更新元数据等。

设计元数据架构时需要考虑以下因素。

（1）数据源的多样性。不同的数据源产生的元数据格式和标准可能不同，因此需要设计能够处理不同数据源的元数据采集和转换机制。

（2）数据量的增长。随着业务的发展，元数据的数量和复杂性会不断增加，因此需要设计能够支持数据量增长和处理的元数据存储和处理机制。

（3）数据的安全性和可靠性。元数据通常包含敏感信息，因此需要设计能够保护数据安全和可靠性的元数据访问控制和加密机制。

（4）数据的使用需求。不同的业务和技术数据使用者对元数据的详细级别、更新频次等有不同的需求，因此需要设计能够满足不同使用需求的元数据查询和服务机制。

4. 创建和维护元数据

通过一系列流程创建和维护元数据，包括元数据的采集、清洗、存储等。以下是一些关键步骤和方法。

（1）设计元数据采集方案。根据业务和技术需求，设计元数据采集方案，包括采集内容、采集方式、采集频率和数据源等。考虑不同数据源的差异，需要制定相应的数据转换和映射规则。

（2）开发元数据采集工具。根据采集方案，开发自动化或半自动化的元数据采集工具。元数据采集工具应该具备数据抽取、转换和加载等功能，同时要保证数据的准确性和稳定性。

（3）采集元数据。通过自动化或半自动化的方式，从数据源中采集元数据。在采集过程中，要注意数据的完整性和一致性，并记录采集过程中的详细信息以便后续查询和处理。

（4）清洗和整理元数据。对采集到的元数据进行清洗和整理，去除重复、错误或不完整的数据。同时，进行数据转换和映射，将不同数据源的数据格式统一化，确保元数据的准确性和完整性。

（5）存储元数据。将清洗和整理后的元数据存储在适当的元数据存储库或数据库中。考虑元数据的海量性和多样性，需要选择高性能、可扩展的存储方案，并为不同的元数据类型建立相应的索引和目录结构，以便后续的查询和服务。

5. 提供元数据服务

为内部和外部用户提供元数据服务，包括元数据查询、报告、质量检核等。提供元数据服务需要注意以下几点。

（1）提供清晰、准确和易于理解的元数据服务，以便用户能够更好地理解和使用企业的数据。

（2）确保元数据服务的稳定性和安全性，以保护企业和用户的隐私和利益。

（3）提供可定制化的服务，以满足不同用户的需求和偏好。

（4）持续优化和完善元数据服务，以提高服务效率。

6. 监控和管理元数据

对元数据进行实时监控和管理，以确保其准确性和完整性，同时对元数据进行定期备份和维护。以下是一些建议和方法。

（1）实施实时监控。创建元数据监控机制，通过自动化方式实时监测元数据的准确性和完整性。可以设置警报机制，当发现异常或错误时，及时通知相关人员处理。

（2）定期备份和维护。制订定期备份和维护的计划，对元数据进行备份，并确保

备份数据的安全性和可用性。同时，对备份数据进行定期恢复测试，以确保备份数据正确恢复。

（3）版本控制和变更管理。创建元数据版本控制机制，记录元数据的变更历史，并确保不同版本之间的数据可追溯。当版本发生变更时，及时通知相关人员并更新元数据记录。

（4）数据质量检查。创建元数据质量检查机制，通过自动化或手动方式对元数据进行质量检查，包括数据的一致性、完整性、准确性和合规性等方面。对不符合要求的元数据及时进行处理。

（5）创建元数据管理流程。创建元数据管理流程，包括元数据的采集、清洗、存储、查询和服务等环节。确保相关人员了解并遵循流程规定，提高元数据管理的效率。

（6）培训和管理。对相关人员进行培训和管理，提高他们对元数据管理的认识和技能水平。同时，明确相关人员的职责和工作流程，确保他们能够有效参与元数据管理工作。

（7）定期审计和评估。定期对元数据进行审计和评估，了解元数据管理的情况和问题，并提出改进建议。同时，与业务和技术使用者沟通交流，了解他们的需求和反馈，以便持续优化和完善元数据管理。

（五）元数据管理工作评估

元数据管理评估是对企业或组织在元数据管理方面的表现和成效进行评估的过程。通过对元数据管理评估，可以了解企业或组织在元数据管理方面的优势和不足，为进一步优化元数据管理提供参考。

元数据管理评估的核心是建立评估指标和评估标准，可以从以下几个方面展开。

（1）元数据质量。评估元数据的准确性、完整性、一致性和规范性等方面，确保元数据能够真实反映企业或组织的数据情况。

（2）元数据管理流程。评估元数据管理的流程是否科学、合理、规范，包括元数据的采集、清洗、存储、查询和服务等环节。

（3）元数据应用效果。评估元数据在业务和技术应用方面的价值和效果，包括元数据在数据分析、数据挖掘、数据治理等方面的应用。

（4）元数据管理基础设施。评估元数据管理的硬件和软件基础设施是否能够满足元数据管理需求，包括存储设备、网络设备、数据库和元数据管理工具等。

（5）元数据安全与隐私。评估元数据的安全性和隐私保护措施是否得当，包括数据加密、访问控制、权限管理等。

（6）元数据管理培训与意识。评估企业或组织在元数据管理方面的培训和意识培养情况，提高员工对元数据管理的认识和重视程度。

（7）元数据管理政策与法规遵从。评估企业或组织在遵守相关政策法规方面的表现，确保元数据管理符合国家法规和企业规定。

在评估过程中，可以采用定性和定量相结合的方法，通过收集相关文档资料、调查问卷、访谈和观察等方式获取信息，并进行分析和综合评价。同时，需要注意评估过程的公正性和客观性，确保评估结果的可信度和有效性。

五、参考数据和主数据

（一）参考数据和主数据概述

1. 参考数据

参考数据（reference data）是用于描述或引用其他数据的数据，通常被用来对其他数据进行分类、分组或标注。参考数据通常是一些标准化的数据，如颜色、尺寸、型号、国家、城市等。参考数据在企业中的应用也非常广泛，例如，在产品管理中，产品可以分为大类、中类、小类，这些分类就是参考数据；在客户管理中，客户可以根据地区、行业、规模等属性进行分组，这些属性也是参考数据。

参考数据管理（reference data management，RDM）是一个涉及数据定义、数据存储、数据维护、数据安全等多个方面的管理过程，目的是确保参考数据的准确性、一致性和及时性。参考数据管理可以帮助企业提高数据的质量，降低数据冗余和错误率，提高业务流程效率，促进企业各部门之间的协作和信息共享。

参考数据管理的核心目标是建立一个统一、完整、准确的参考数据存储库，以便

在整个企业中共享和应用。为了实现这个目标，企业需要建立一个参考数据管理平台，它可以帮助企业对参考数据进行集中管理，包括数据的创建、修改、删除、查询等操作。参考数据管理平台还需要提供数据质量检查、数据集成、数据映射、数据安全等功能，以保证参考数据的准确性和安全性。

2. 主数据

主数据（master data）是指在企业中具有唯一性和权威性的数据，它是一种企业资产，对企业业务运营和管理具有重要意义。主数据通常被定义为“关键数据”，是企业中跨组织、跨应用共享的基础数据，如客户、产品、供应商、账户、组织结构等。主数据在企业中的应用非常广泛，包括销售、采购、库存管理、财务管理、人力资源管理等各个领域。

主数据管理（master data management，MDM）是一个涉及数据采集、数据清洗、数据整合、数据存储、数据安全等多个方面的管理过程，目的是确保主数据的准确性、一致性和完整性。主数据管理可以帮助企业提高数据的质量，降低数据冗余和错误率，提高业务流程的效率，促进企业各部门之间的协作和信息共享。

主数据管理的核心目标是建立一个统一、完整、准确的主数据存储库，以便在整个企业中共享和应用。为了实现这个目标，企业需要建立一个主数据管理平台，它可以帮助企业对主数据进行集中管理，包括数据的创建、修改、删除、查询等操作。主数据管理平台还需要提供数据质量检查、数据集成、数据映射、数据安全等功能，以保证主数据的准确性和安全性。

（二）参考数据与主数据的关系

参考数据和主数据是相互关联的，主数据是参考数据的基础，参考数据可以补充和说明主数据。主数据和参考数据一起构成了组织完整的数据集合，可以帮助组织进行更全面的业务分析和决策制定。但在实际应用中，主数据和参考数据的区别可能并不十分明显，因为它们经常被一起使用。

参考数据和主数据有相似的用途。两者都为交易数据的创建和使用提供重要的上下文信息（参考数据也为主数据提供上下文信息），以便理解数据的含义，重点是两者都是应该在企业层面上被管理的共享资源。如果相同的参考数据拥有多个实例就会降低效率，并会不可避免地导致实例间的不一致，不一致就会导致歧义，歧义又会给组织带来风险。成功的参考数据或主数据管理规划包含完整的数据管理职能，如数据治理、数据质量、元数据管理、数据整合等。

参考数据具有很多区别于其他主数据（如企业结构数据和交易结构数据）的特征。参考数据不易变化，参考数据集通常会比交易数据集或主数据集小、复杂程度低，拥有的列和行也更少。参考数据管理不包括实体解析的特征。

主数据和参考数据在数据管理中非常重要。主数据是组织业务流程的基础，参考数据则有助于更好地了解业务环境。

主数据管理可以帮助组织解决数据质量问题，确保数据的准确性、完整性和一致性，以及提高业务的效率。参考数据管理可以帮助组织更好地了解业务环境，降低风险，提高业务效率，以及改善产品和服务。

主数据和参考数据一起构成了组织完整的数据集合，可以帮助组织进行更全面的业务分析和决策制定。有效地管理主数据和参考数据可以优化业务流程，提高业务效率，从而最终提高组织绩效。

六、数据质量管理

（一）数据质量管理概述

有效的数据管理涉及多个复杂且相互关联的过程，它使组织能够利用相关数据来实现其战略目标。在这个过程中，战略目标实现的前提是数据本身有价值，数据可见、可用、可靠、可信，即数据应该是高质量的。

没有一个组织拥有完美的业务流程、完美的技术流程或完美的数据管理实践，所有组织都会遇到与数据质量相关的问题。相比那些不进行数据质量管理的组织，实施正式数据质量管理的组织会面临更少的问题，并且更有机会获得强有力的数据价值支撑。

1. 数据质量

（1）数据质量的定义。“数据质量”一词既指高质量数据的相关特征，也指用于衡量或改进数据质量的过程。这一双重含义可能令人困惑，因此将它们区分开有助于理

解什么是高质量的数据。

高质量的数据应达到数据消费者的期望。也就是说，数据如果满足数据消费者的应用需求，它就是高质量的；反之，数据如果不满足数据消费者的应用需求，它就是低质量的。因此，数据质量取决于使用数据的场景和数据消费者的需求。

（2）关键数据。大多数组织都有大量数据，但并非所有数据都同等重要。数据质量管理的一个原则是将改进重点集中在对组织及其客户最重要的数据上，这样做可以明确项目范围，并使其能够对业务需求产生直接、可测量的影响。虽然关键的特定驱动因素因行业而异，但组织间存在共同特征，可根据以下要求评估关键数据。

1）监管报告。

2）财务报告。

3）商业政策。

4）持续经营。

5）商业战略，尤其是差异化竞争战略。

根据定义，主数据至关重要。可以根据使用的过程，出现在报告中的性质，出现问题时给组织的财务、监管或声誉带来的风险，来评估数据集或单个数据元素的重要性。

（3）数据质量维度。数据质量既指高质量数据的相关特征，也用于说明改进数据质量的活动。从数据质量管理的角度看，一个组织既要定义清晰的数据质量目标，也要有明确数据质量活动的控制措施，同时需要确定不同利益相关方的责任、权利和义务。

高质量数据通常需要满足以下几个维度的特征。

1）准确性。指数据能够正确表示“真实”实体的程度。

2）完备性。指是否存在所有必要的数据。

3）有效性。指数据值与定义的值域一致。

4）一致性。指确保数据值在数据集内和数据集之间表达的相符程度。

5）及时性。及时性与数据的几个特性有关。需要根据预期的波动性来理解及时性度量——数据可能发生变化的频率以及原因。

6）唯一性。指数据集内的任何实体不可以重复，例如，一个身份证号只能被一个人使用。

7）合理性。指数据模式符合预期的程度。

2. 数据质量管理

（1）数据质量管理的定义。数据质量管理是指识别、度量、监控、预警等一系列管理活动，以解决数据在每个阶段可能产生的各类数据质量问题，并通过提高组织的管理水平确保数据质量的提升。

换句话说，数据质量管理是一个集方法论、管理、技术和业务为一体的解决方案，而不是一种临时的数据治理方法，它是不断循环的管理过程。数据质量管理一方面反映出企业数据很难一次性达到使用的标准和规范，因为数据治理是相对漫长的过程；另一方面也反映出数据质量的重要性以及数据质量工作的零散性和琐碎性。

正式的数据质量管理类似其他产品领域中的持续质量管理，它包括在整个生命周期制定标准，在数据创建、转换和存储过程中完善质量，以及根据标准度量和管理数据的质量。要使数据管理到这样的水平，通常需要设立一个专门的数据质量团队。数据质量团队负责与业务和技术数据管理专业人员协作，推动将质量管理技能应用于数据工作，以确保数据适用于各种需求。该团队可能参与一系列项目，通过这些项目建立流程和最佳实践，同时解决高优先级的数据问题。

由于管理数据质量涉及数据生命周期的管理，所以数据质量团队还要承担与数据使用相关的操作责任，如报告数据质量水平、参与数据问题的分析、量化问题、进行优先级排序等。该团队还负责与那些需要使用数据开展工作的人合作，以确保数据满足他们的需求，并与那些在工作过程中创建、更新或删除数据的人合作，以确保数据的正确处理。数据质量取决于所有与数据交互的人，而不仅是数据管理专业人员。

（2）数据质量管理的几个重要原则

1）重要的数据先做。在数据质量管理中，对重要数据的处理应该优先进行。这可

以确保企业或组织在面临大量数据时，能够优先处理对业务决策或运营有重大影响的数据，从而提高工作效率和准确性。

2）全生命周期管理。数据质量管理应覆盖从数据的创建、采集、存储、传输、使用到处置的全生命周期。全生命周期管理可以确保数据在各个阶段都得到适当管理，从而保证数据的完整性和可用性。

3）预防。数据质量管理不应仅停留在纠正错误上，而应注重预防错误的发生。通过采取适当的措施，如建立数据质量规则、规范数据输入等，可以降低数据错误的风险，提高数据的质量。

4）根因修正。为了提高数据质量，不仅要纠正错误，而且要找到错误的根源并加以修正。这需要对数据产生过程中的流程和系统进行深入分析，找出导致错误的原因，并采取相应的措施进行修正。

5）标准驱动。为了提高数据质量，需要建立统一的数据标准和质量标准。这可以使不同部门或系统之间的数据具有可比性和可操作性，从而提高数据的准确性和一致性。

6）明确认责体系。数据质量管理需要明确各个部门和人员的职责。在组织结构中，应该明确数据质量管理的归口管理部门，并制定相应的管理制度和流程，确保每个部门和人员都了解组织的职责，并按照规定的流程和标准进行管理。

7）建立有效的数据质量指标。为了衡量数据质量管理的效果，需要建立有效的数据质量指标。这些指标可以是客观的量化指标，如数据准确率、数据完整率、数据一致性等，也可以是主观评价指标，如用户满意度等。通过这些指标的监测和分析，可以及时发现数据质量问题，并采取相应措施。

（二）数据质量管理驱动因素

数据质量管理驱动因素包括以下几点。

1. 增加组织数据价值和数据利用的机会

高质量的数据可以提高组织对业务机会的洞察力，进而提高决策的准确性和效率。通过数据质量管理，可以更好地利用数据进行业务分析、预测和优化，从而提高组织竞争力和运营效率。

2. 降低低质量数据导致的风险

低质量的数据可能导致决策失误、客户流失、罚款等风险。通过数据质量管理，可以降低风险，避免损失。

3. 提高组织效率和生产力

通过数据质量管理，可以消除数据冗余和不一致性，提高数据的准确性和一致性，同时还可以减少重复工作和浪费，提高组织的工作效率和生产力。

4. 保护和提高组织的声誉

高质量的数据可以增强组织在客户和合作伙伴中的信誉度和形象。通过数据质量管理，可以确保数据的准确性和可靠性，进而提高组织的声誉。

5. 满足监管和合规要求

许多行业和领域都有严格的监管和合规要求，要求组织对数据进行有效管理和控制。通过数据质量管理，可以确保组织的数据符合相关法规和标准，避免违规导致的风险和损失。

6. 提升决策质量

高质量的数据是做出正确决策的基础。通过数据质量管理，可以提供更准确、可靠、及时的数据支持，帮助决策者做出更科学、合理的决策，提高决策质量。

7. 增强数据交互和使用的可追溯性

在数据交互和使用过程中，如果出现问题，可以通过数据质量管理提供的可追溯性机制，快速定位问题并采取相应措施加以解决，提高组织的反应速度和应对能力。

（三）数据质量管理方法和工具

1. 数据质量管理方法

（1）预防措施。创建高质量数据的最佳方法是防止低质量数据进入组织。预防措施可以阻止已知错误的发生，在事后对数据进行检查并不能提高其质量。预防措施包括以下几种。

1）建立明确的数据质量标准和规则。明确数据输入、处理和存储的要求和标准，

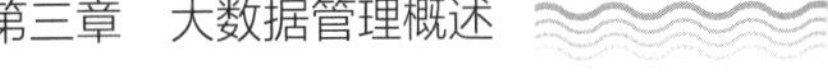

规定数据的格式、精度、范围等，以确保数据的正确性和一致性。

2）制订数据质量计划。根据数据质量标准和规则，制订数据质量计划，明确数据质量计划的目标、步骤和责任人，以确保数据的正确性和一致性。

3）提供培训和支持。提供数据质量管理的培训和支持，提升员工的数据质量意识和技能水平，使其能够正确地输入和处理数据。

4）建立数据质量监控和预警机制。通过建立数据质量监控和预警机制，可以及时发现和解决数据质量问题，防止低质量数据的产生。

（2）纠正措施。发现数据质量问题时，需要及时采取纠正措施，以消除问题的根源。“就地解决问题”是数据质量管理中的最佳实践，这通常意味着纠正措施应包括防止质量问题再次发生。以下是一些常见的纠正措施。

1）自动纠正。通过编写程序或使用工具，对数据进行自动检查和纠正，如使用正则表达式进行数据匹配和替换。

2）人工修正。由专业人员对数据进行手动检查和纠正，如对调查数据进行逐一核对和修正。

3）人工检查修正。自动工具纠正后进行人工检查，以确保数据的准确性和一致性。

（3）质量检查和审核代码模块。创建可共享、可链接和可重用的代码模块，开发人员可以从存储库中拿到它们，重复执行数据质量检查和审计过程。以下是质量检查和审核代码模块的一些常见方法。

1）通过编写程序或使用工具，对数据的准确性、完整性、一致性等进行检查，发现问题并及时处理。

2）通过对数据处理和分析的代码模块进行审核，以确保数据的正确处理和分析。

（4）有效的数据质量指标。建立有效的数据质量指标，可以衡量数据的质量水平，帮助发现和解决数据质量问题。以下是有效的数据质量指标的一些常见特征。

1）可度量性。数据质量指标需要能够被量化和衡量，以便对数据质量进行客观评估。这意味着每个指标都应该有一个明确的方法来计算和评估其数值。例如，可以使用准确率、完整性、一致性等指标来衡量数据的质量。

2）业务相关性。数据质量指标需要与业务需求和目标关联。这意味着每个指标都应该能反映出数据如何满足或推动业务目标的实现。例如，可以使用客户满意度、销售额等业务指标来评估数据质量。

3）可接受性。需要为数据质量指标设定可接受的标准或阈值。这可以是行业标准、组织标准或者是业务部门设定的特定标准。例如，完整性可以通过计算缺失数据项的比例来度量，这个比例需要在可接受范围内。

4）问责 / 管理制度。需要为数据质量指标建立问责和管理制度。这意味着需要明确谁负责监控、管理和改进数据质量，同时要明确当数据质量出现问题时，谁需要承担责任并采取行动。

5）可控制性。数据质量指标需要能够通过控制措施来改进。这可能涉及数据清洗、数据验证、数据标准化等措施。例如，如果发现一致性指标较低，则可以通过实施数据标准化或统一数据存储格式等措施来改进。

6）趋势分析。数据质量指标需要进行趋势分析。这可以帮助识别数据质量的变化趋势，以便及时发现和解决潜在问题。例如，可以通过比较不同时间段的准确性指标的变化趋势来评估数据清洗或数据验证等措施的效果。

（5）统计过程控制。统计过程控制（statistical process control，SPC）是一种通过分析过程输入、输出或步骤的变化测量值来管理过程的方法。在数据质量管理中，SPC 可以帮助发现异常数据和潜在问题。

简单地说，这是一系列将输入转化为输出的步骤过程。SPC 基于这样一个假设：当一个具有一致输入的过程被一致执行时，它将产生一致的输出。它使用集中趋势（变量的值接近其中心值的趋势，如平均值、中值或模式）和围绕中心值可变性（如范围、方差、标准偏差等）的度量来确定过程中的偏差、公差。

统计过程控制图如图 3–14 所示，它是一个时间序列图，包括平均值的中心线（集中趋势的度量），以及描述测算的上下控制界限（围绕中心值的可变性）。在一个稳定的过程中，超出控制范围的度量结果表明了异常状况的存在。

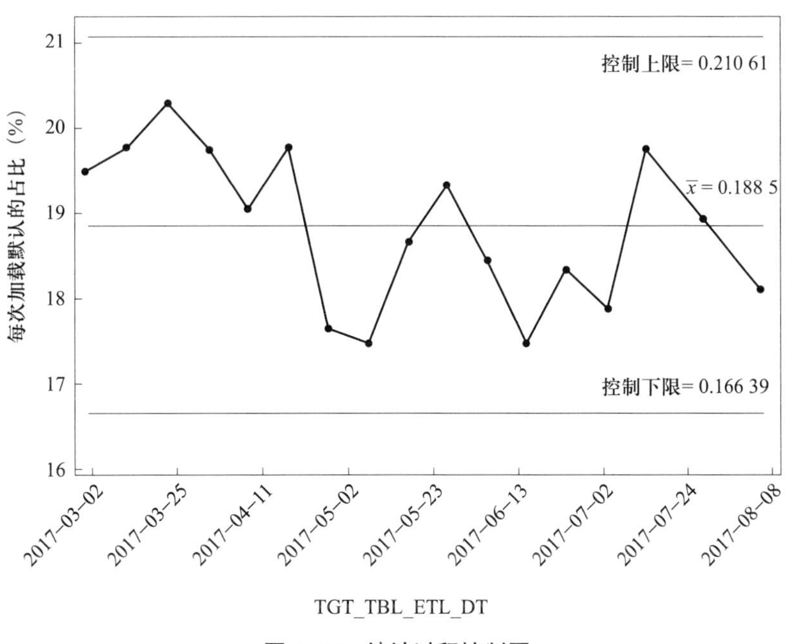

图 3–14　统计过程控制图

SPC 通过识别过程中的变化来衡量过程结果的可预测性。过程有两种不同类型：流程内部固有的常见原因和不可预测或间歇性的特殊原因。当常见原因是唯一的变异源时，就说明系统处于（统计）控制之下，并且可以建立一个正常的变化范围，这个范围就是可以检测变化的基线。

（6）根本原因分析。根本原因分析是一种理解问题产生原因和作用原理的过程，目的是识别潜在的条件。在数据质量管理中，根本原因分析可以帮助找出问题的根源并采取针对性的改进措施。以下是根本原因分析的一些常见方法。

1）帕累托分析。通过绘制帕累托图，可以找出影响数据质量的主要因素和次要因素，以便优先处理主要问题。

2）鱼骨图分析。通过绘制鱼骨图，可以找出影响数据质量的潜在原因和影响因素，以便采取有针对性的改进措施。

2. 数据质量管理工具

数据质量管理工具在数据生命周期的不同阶段起着重要作用，包括数据剖析工具、数据查询工具、建模和 ETL 工具、数据质量规则模板以及元数据存储库等。

（1）数据剖析工具。数据剖析工具生成高级别的统计信息，分析人员能够据此识别数据中的模式并对质量特征进行初始评估。这些工具对组织的业务数据进行深入分析，以发现其背后的趋势、模式和关联。它们通常包括统计分析、可视化分析和多维分析等功能，帮助用户更好地理解和解释数据。

（2）数据查询工具。数据剖析只是数据分析的第一步，它有助于发现潜在问题。数据质量团队成员需要更深入地查询数据，以回答分析结果提出的问题，并找到能够深入了解数据问题根源的模式。这些工具使得用户能够方便地查询和检索数据。它们通常支持各种查询语言，如 SQL，并提供易于使用的界面，使用户能快速获取所需数据。

（3）建模和 ETL 工具。这些工具用于创建数据模型，以及从各种来源获取数据、转换数据并将其加载到目标系统中。ETL 代表提取（extract）、转换（transform）和加载（load），是数据处理过程中的一个重要环节。这些工具对数据质量有直接影响。如果在使用过程中有数据思维，那么这些工具的使用可以带来更高质量的数据。如果在不理解数据的情况下盲目使用它们，则可能产生不良影响。

（4）数据质量规则模板。数据质量规则模板是用于评估和提升数据质量的规则集合。一个模板可以有几个组成部分，每个部分对应一种要实现的业务规则。它们可以检查数据的完整性、准确性、一致性和统一性，以确保数据的可靠性。

（5）元数据储存库。定义数据质量需要元数据，而高质量数据的定义是元数据的一种价值呈现方式。这些储存库包含关于数据的数据，如数据的来源、格式、定义、结构等。它们提供了对数据的统一视图，有助于更好地理解和控制数据。

（四）数据质量实施活动

针对数据质量管理的活动，DAMA-DMBOK2 归纳了比较系统的和全面的过程，如图 3-15 所示。

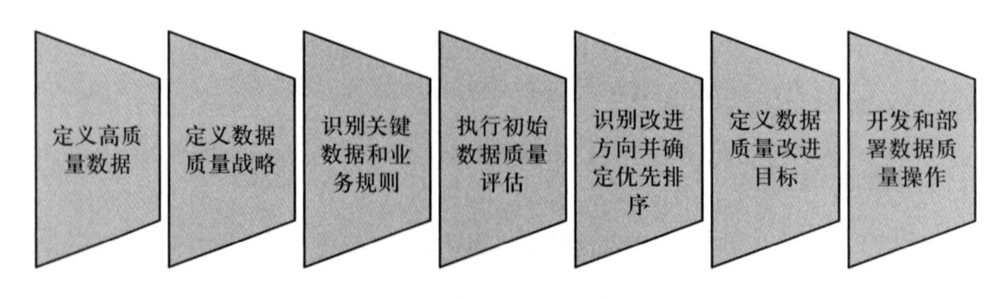

图 3-15　数据质量管理活动

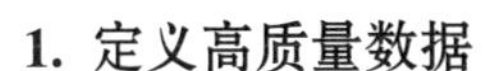

1. 定义高质量数据

许多人看到质量差的数据时能辨识出来，但是很少有人能够定义高质量数据。在启动数据质量方案前，需要了解业务需求、定义术语、识别组织的痛点，并开始就数据质量改进的驱动因素和优先事项达成共识。

根据一组问题，可以了解当前状态，并评估组织对数据质量改进的准备情况。

（1）高质量数据是什么意思？

（2）低质量数据对业务运营和战略的影响是什么？

（3）更高质量的数据如何赋能业务战略？

（4）数据质量改进需要哪些优先事项的推动？

（5）对低质量数据的容忍度是多少？

（6）为支持数据质量改进而实施的治理是什么？

（7）配套实施的治理结构是什么？

要全面了解组织中数据质量的当前状态，需要从不同角度来进行探讨。

（1）了解业务战略和目标。

（2）与利益相关方面谈，以识别痛点、风险和业务驱动因素。

（3）通过资料收集和其他剖析形式直接评估数据。

（4）记录业务流程中的数据依赖关系。

（5）记录业务流程的技术架构和系统支持。

上述评估过程可以揭示大量的机会，对组织潜在利益进行优先排序。利用利益相关方（包括数据管理专员、业务和技术领域专家）的输入，数据质量团队应定义数据质量的含义并提出项目优先级。

2. 定义数据质量战略

数据质量战略是组织为了确保数据的高质量和可用性而制定的一系列计划和策略。这个战略的目标是确保数据的准确性、完整性、一致性、及时性、可读性和合规性，以满足组织内部和外部的需求。

采纳或开发一个框架及方法论有助于指导战略和开展战术，同时提供衡量进展和影响的方法。一个框架应包括以下方法。

（1）了解并优先考虑业务需求。

（2）确定满足业务需求的关键数据。

（3）根据业务需求定义业务规则和数据质量标准。

（4）根据预期评估数据。

（5）分享调查结果，并从利益相关方那里获得反馈。

（6）优先处理和管理问题。

（7）确定并优先考虑改进机会。

（8）测量、监控和报告数据质量。

（9）管理通过数据质量流程生成的元数据。

（10）将数据质量控制集成到业务和技术流程中。

框架还包括如何管理数据质量以及如何利用数据质量工具。提高数据质量需要吸引业务和技术人员的数据质量团队，定义一个解决关键问题的工作计划和最佳实践，并制定支持数据质量持续管理的操作流程。这样的团队通常是数据管理组织的一部分，数据质量分析人员需要与各级数据管理专员密切合作，并对制度施加影响，包括有关业务流程和系统开发的制度，即使这样的团队还是无法解决组织面临的数据质量的问题。数据质量工作和对高质量数据的承诺需要嵌入组织实践。数据质量策略应该说明如何扩展最佳实践。

3. 识别关键数据和业务规则

并非所有数据都同等重要。数据质量管理工作应首先关注组织中最重要的数据。高质量数据将为组织及其客户提供更多的价值。

识别关键数据和业务规则首先需要了解组织的业务需求和目标，包括关键绩效指标、战略计划、市场趋势等。与业务部门负责人和员工进行交流，分析组织的业务流程，了解各个业务环节中数据的流转和使用情况，了解他们对数据和业务规则的需求和期望，同时也要参考行业最佳实践，了解其他组织在处理类似业务时所采用的数据质量和业务规则。通过数据剖析，了解数据的现状和问题，包括数据的准确性、完整性、一致性、及时性、可读性和合规性等方面的情况。根据以上步骤收集的信息，制订初始数据质量评估计划，了解数据的现状和问题，为后续制订数据质量改进计划提

供依据。

4. 执行初始数据质量评估

一旦确定最关键的业务需求和支持它们的数据，数据质量评估的最重要部分就是实际查看数据、查询数据，以了解数据内容和关系，以及将实际数据与规则和期望进行比较。在数据管理专员、其他领域专家和数据消费者帮助下，数据治理分析人员需要对调查结果进行分类并确定其优先级。

初始数据质量评估的目标是了解数据，以便定义可操作的改进计划。执行初始数据质量评估的步骤如下。

（1）定义评估的目标。这些目标将推动工作进展。

（2）确定要评估的数据。重点应放在一个小的数据集，甚至一个数据元素，或一个特定的数据质量问题上。

（3）识别数据的用途和数据的使用者。

（4）利用待评估的数据识别已知风险，包括数据问题对组织过程的潜在影响。

（5）根据已知和建议的规则检查数据。

（6）记录不一致的级别和问题类型。

（7）根据初步发现进行额外的深入分析，以便做好以下工作。

1）量化结果。

2）根据业务影响优化问题。

3）提出关于数据问题根本原因的假设。

（8）与数据管理专员、领域专家和数据消费者会面，确认问题和优先级。

（9）使用调查结果作为规划的基础。

1）解决问题，最好是找到问题的根本原因。

2）控制和改进处理流程，以防止问题重复发生。

3）持续控制和汇报。

5. 识别改进方向并确定优先排序

根据初始数据质量评估的结果，识别数据中存在的问题和不足，针对这些问题确定具体的改进方向。确定改进方向后，需要对这些方向进行优先排序。优先排序应该根据业务需求、数据的重要性和影响程度等因素进行。例如，应该优先考虑对业务决策有重大影响的数据问题。

6. 定义数据质量改进目标

针对每个改进方向，制定具体的改进目标。目标应该明确、可衡量、可达成，并具有相关性和时间性。例如，可以将目标设定为提高某个数据指标的准确性或及时性，或者降低某个数据指标的不一致性等。针对每个改进目标，制订具体的实现计划。计划应该包括具体的措施、责任人、时间表和预期成果等方面的内容。

7. 开发和部署数据质量操作

许多数据质量方案是从通过数据质量评估结果确定的一组改进项目开始的。为了保证数据质量，应围绕数据质量方案制订实施计划，允许团队管理数据质量规则和标准、监控数据与规则的持续一致性、识别和管理数据质量问题，并报告质量水平。

（1）管理数据质量规则。开发和部署数据质量操作时，首先需要定义和管理数据质量规则。这些规则应明确数据的质量要求，并规定如何度量和监控数据质量。规则应具备可重复性和可测量性，以便在数据质量出现问题时能够迅速采取行动。

随着数据质量实践的成熟，应该将对这些规则的获取构建到系统开发和增强过程中。数据质量规则和标准是元数据的一种关键形式。为了提高效率，需要将它们作为元数据进行管理。

（2）测量和监控数据质量。制定数据质量规则后，需要设计测量和监控数据质量的流程。这个流程应该包括收集数据、分析数据、检测数据质量、记录检测结果等步骤。通过定期或实时执行这个流程，可以了解数据状况，及时发现并解决潜在的数据质量问题。

（3）制定管理数据问题的操作过程。当发现数据质量问题时，需要制定相应的操作过程来解决这些问题。这个过程应包括问题报告、问题分类、问题处理、问题跟踪和问题关闭等步骤。在这个过程中，可以确保数据质量问题得到及时、准确和有效的解决。

（4）制定数据质量服务水平协议。为了确保数据质量满足业务需求，需要制定数据质量服务水平协议。该协议应明确数据的标准、数据的用途、数据的准确性和完整性等要求，以及相应的处罚措施和责任人。通过制定协议，可以规范数据的收集、存储和使用过程，确保数据准确性和一致性。

（5）编写数据质量报告。为了提高数据质量，需要定期编写数据质量报告。该报告应包括数据质量的现状、存在的问题、相应的解决方案和改进计划等内容。通过该报告，可以向管理层和其他相关方提供有关数据质量的全面信息，以便做出决策和采取行动。

（五）数据质量工作评估

对数据质量工作进行评估可以帮助组织更好地了解数据的状况和质量水平，发现和解决问题，提高数据处理效率和质量，增强决策可靠性，并满足法规要求。对数据质量工作进行评估时可采用以下方法。

1. 确定评估目标和范围

在进行数据质量工作评估时，首先需要确定评估的目标和范围。目标可以是提高数据的准确性、完整性、一致性、及时性等，范围可以是整个组织的数据体系、某个业务部门的数据体系或者某个具体的数据集。

2. 收集和分析数据

根据评估目标和范围，收集和分析相关的数据。这包括从不同的数据源获取数据，了解数据的结构、属性和关系等，以及分析数据的分布、异常值、缺失值等情况。

3. 制定评估指标和标准

根据收集和分析的数据，制定相应的评估指标和标准。评估指标可以是数据的准确性、完整性、一致性、及时性等方面的具体度量，评估标准可以是行业标准、组织内部标准或业务需求等。

4. 进行数据质量评估

根据制定的评估指标和标准，对数据进行质量评估。这包括对数据的准确性、完整性、一致性、及时性等方面进行定量评估，以及与业务需求和标准进行对比和分析。

5. 识别和解决数据问题

根据评估结果，识别和解决数据质量问题。这包括找出数据错误、异常或缺失的原因，制定相应的修正措施或改进方案，以及跟踪和监督问题的解决过程。

6. 总结和报告

对数据质量工作进行总结和报告。报告包括评估结果、问题分析、改进措施和建议等内容，以便管理层和其他相关方了解数据质量的状况和改进的方向。改进措施包括数据清洗、数据修正、完善数据采集和存储机制等，改进方案包括优化数据处理流程、完善数据管理体系等。

7. 持续监控和改进

数据质量工作是持续的过程，需要持续监控和改进。这包括建立监控机制、设定警报阈值、定期进行数据质量评估、跟踪改进措施的实施情况、及时调整和优化工作流程等，以确保数据质量的持续提高，还要定期对相关人员进行培训，以提高组织成员对数据质量的重视程度，促进数据质量持续改进。

七、数据生命周期与数据血缘管理

（一）数据生命周期

1. 数据生命周期的概念

数据生命周期有时也叫作数据生存周期。数据生命周期是指数据从产生或获取到销毁的整个过程。

数据生命周期基于产品的生命周期，它不应该与系统开发生命周期混淆。从概念上讲，数据生命周期很容易描述。如图 3–16 所示，在数据生命周期中，可以清理、转换、合并、增强或聚合数据，随着数据的使用或增强，通常会生成新数据，因此数据生命周期具有内部迭代，而这些迭代没有显示在图表上，数据很少是静态的，管理数据涉及一系列内部互动的过程，与数据生命周期保持一致。

数据价值决定数据生命周期的长度，并且数据价值会随着时间变化而变化。

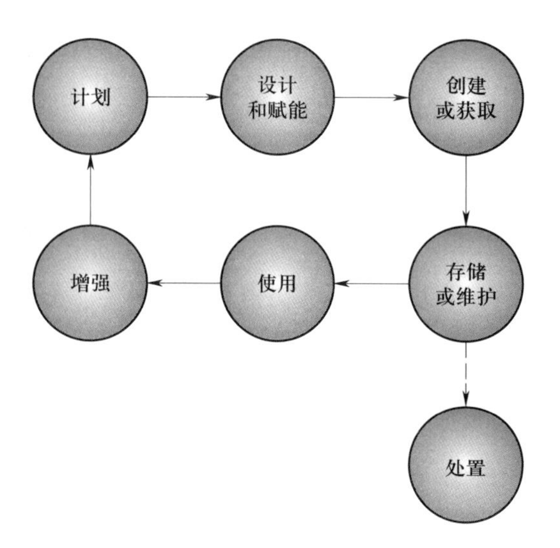

图 3–16　数据生命周期中的关键活动

2. 数据生命周期管理的概念

数据生命周期管理（data lifecycle management，DLM）是指在数据从产生到销毁的整个过程中，对数据进行有效管理和控制的一系列活动。数据生命周期管理不是一种特定的产品，而是一种管理数据的方法，它有助于企业提高数据处理效率、提供准确和可靠的数据、满足客户需求，同时兼顾管理成本的合理性、个人隐私保护以及合规性的实现，有益于企业可持续发展。

3. 数据生命周期管理的目标和意义

数据生命周期管理旨在通过对不同阶段的数据提出针对性管理措施，降低数据管理成本并提高数据质量，从而最终达到数据价值最大化的目的。

数据生命周期管理对组织具有非常重要的意义，具体主要表现在以下几个方面。

（1）提高数据质量。数据生命周期管理的核心是对数据本身的管理，而数据管理的重要目标之一是提升数据质量。若不结合数据全生命周期进行管理，就很难保证数据整体的质量水平。首先，在系统前期建设和开发过程中，需要制定完善的业务规则和标准；其次，应通过对数据进行开发和维护，使数据进入“去伪存真”的正向循环，从而最终保证得到高质量的数据，为后期应用打下坚实基础。

（2）降低数据使用成本。数据使用成本和计算效率之间存在矛盾。很多公司在做大数据时会用空间换时间，IT 部门面对越来越多的数据时，需要投入大量人力、物力和时间成本用于运维。若不及时进行管理和存储，就会影响计算效率，导致成本及存储空间不断增长。

数据生命周期管理旨在通过各种措施，尤其是数据归档、数据销毁等，有效进行数据管理，在保证数据可用性的同时有效降低运维成本。

（3）降低数据安全风险。数据在企业内部存在损毁、泄露等显性风险，同时也存在数据生命周期管理缺失导致的数据决策错误和数据驱动失误等隐性风险。比如，企业内部可能仍使用早期的数据结论来辅助决策，但由于时过境迁，早期的数据结论可能已经失去了存在或应用的条件，因此这些数据结论的可信度需要重新评估，混乱应用将带来决策风险。

（4）价值最大化。企业在投资项目前，可通过数据初步判断产品背后的成本和预期收益，从而对投资是否合理做出判断。若缺乏数据生命周期管理，则无法从数据上着眼价值和利益的最大化。

（二）数据生命周期管理阶段

结合数据生命周期管理工作实践，数据生命周期管理包括 8 个阶段，分别是数据规划、数据创建、数据传输、数据存储、数据加工、数据使用、数据提高、数据归档或销毁。

1. 数据规划

有效的数据管理始于数据产生之前，在这个阶段，需要对数据的产生、使用、管理等各方面工作提前做好规划。首先，应建设组织责任体系，把数据生命周期管理过程中各方面的主要工作职责定义好，这是做任何事情的前提。其次，要做好数据资产盘点工作，摸清家底，从全局层面直观地展现企业拥有的数据资产情况，帮助企业进行更有效的数据管理。最后，要定好标准，建立数据标准和规范，从源头抓起，确保数据按照标准产生。

进行数据规划时，需要考虑以下几个方面。

（1）数据源分析。对数据来源进行详细了解和分析，包括数据产生的时间、频率、格式、质量等方面。

（2）数据模型设计。根据企业的业务需求和数据特点，设计合适的数据模型，包

括数据的结构、关系、流程等方面。

（3）数据存储规划。根据数据的重要性和类型，选择合适的存储介质和处理方法，同时考虑数据备份和恢复等方面的需求。

（4）数据整合策略。根据数据的来源和格式，制定合适的整合策略，包括数据的清洗、转换、汇总等方面。

（5）数据分析与应用规划。根据企业的业务需求和数据特点，制定合适的数据分析与应用策略，包括数据的可视化、报表、预测等方面。

（6）数据归档与销毁规划。根据数据的生命周期和企业的需求，制定合适的数据归档和销毁策略，包括数据的分类、存储、删除等方面。

2. 数据创建

数据创建是指数据从无到有的过程，即数据的产生和采集。数据采集是指从系统外部采集数据并输入系统内部的过程。数据采集系统整合了信号、传感器、Wi-Fi 探针、摄像头等数据采集设备和一系列应用软件。在大数据时代，企业不仅要采集内部数据，而且要采集外部数据，在符合法律法规框架的前提下，企业应根据数据战略来定义数据采集范围和采集策略。数据采集策略包括以业务需求为导向的数据采集策略和以数据驱动为导向的数据采集策略。后者强调尽量采集与企业相关的数据并将其整合到数据平台中。

数据采集的范围及分类包括但不限于以下 8 类。

（1）语音数据采集。

（2）图片数据采集。

（3）视频数据采集。

（4）用户上网行为埋点采集。

（5）设备地理位置信息采集。

（6）业务或管理系统日志采集。

（7）可穿戴设备等生活信息采集。

（8）网站信息采集。

3. 数据传输

数据传输是指将数据按照数据标准进行数据清洗、数据质量检查、元数据管理、

ETL、数据模型设计的过程整合集成后，传输至目标库的过程。数据传输有两个主体，一个是数据发送方，另一个是数据接收方。通过不可信或安全性较低的网络进行传输时，容易发生数据被窃取、伪造、篡改等安全风险。因此，在传输数据的过程中，企业需要保障数据传输中所有节点的安全性。

数据一般有 4 种传输场景，因此对数据传输进行安全管理时，也可通过这 4 种场景来开展工作。这 4 种传输场景具体如下。

（1）接口传输数据。

（2）文件服务器传输数据。

（3）邮件传输数据。

（4）移动介质传输数据（包括 U 盘、网盘、QQ、纸质文档等）。

以上 4 种传输场景既有相同点，也有不同点。因此，在数据传输安全管控上，有一些安全管控措施是通用的；同时，每种传输场景又有自身独特的安全管控措施。

数据传输场景示例如图 3–17 所示。

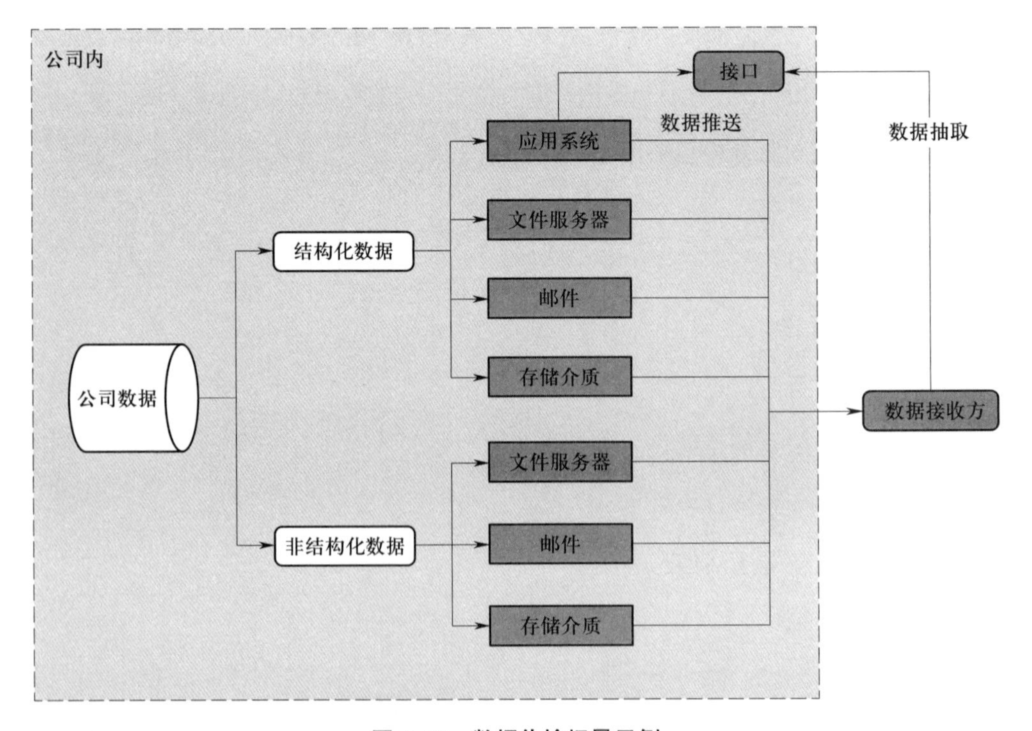

图 3–17　数据传输场景示例

4. 数据存储

大数据时代意味着存在多种结构化、半结构化和非结构化多样化的海量数据存储，同时也需要处理批量数据、流数据等多种数据形式的存储和计算。对不同数据结构、数据形式、时效性与性能要求、存储与计算成本等因素进行综合考虑，应该使用适合的存储形式与计算引擎。

数据存储是指在信息系统中有效组织、存储、保护和管理数据的过程，涉及对数据的物理存储设备、数据存储结构、数据备份与恢复、数据安全性等进行管理和控制。通过有效的数据存储框架，企业可以提高数据的可靠性和可用性，降低数据丢失和损坏的风险，同时满足数据安全性和合规性方面的要求，为接下来的数据加工和使用奠定良好的基础。

数据存储框架由数据归类、数据特性分析与数据存储策略三部分组成。从中可以看出，首先需要根据数据处理过程、业务特点等情况对数据进行归类；其次在数据归类的基础上，结合业务与系统实际情况，分析数据特性；最后根据现状调研、数据归类与数据特性制定数据存储策略，从而确保数据存储策略能够更加符合业务、系统的实际需求，有效发挥数据生命周期管理的价值。

5. 数据加工

数据加工是指基于企业的数据架构，对企业数据进行结构化和有序化的治理，让企业数据更好地融合和共享，使组织可以对当前可用、可访问的数据加以使用，充分释放数据的价值。

数据加工是一个较为复杂的过程。其中涉及数据标准、数据清洗、数据质量、元数据（版本管理、数据知识、字段级血缘关系和影响度分析等）管理、ETL（抽取、加载、转换）、数据模型设计等过程的企业数据仓库建设或数据湖建设。

通过数据加工，可以使组织能够访问、使用和分析当前可用的数据，从而支持决策制定、业务分析和创新等活动。数据加工的目标如下。

（1）提升数据一致性、准确性和完整性。对企业内部的数据进行整合、转换和清洗，使它们具有一致性、准确性和完整性。

（2）提高数据质量。消除数据冗余、错误和不一致，进而提升数据的可靠性和可用性。

（3）消除数据孤岛。对来自不同系统、部门和来源的数据进行集成和标准化，以便进行跨系统的数据分析和报告。促进数据流动和共享，提升组织各部门之间的协作和协同效率。

（4）挖掘数据价值。数据架构可以帮助企业更好地理解和挖掘数据，发现数据背后的隐藏信息和价值，从而支持业务决策、市场分析、客户洞察和产品创新等。数据架构为组织提供了更强大的数据基础，使组织能够更灵活、敏捷地应对市场变化和业务需求。

6. 数据使用

数据使用是指组织在数据加工后在内部针对动态数据进行的一系列活动，实现数据应用和共享。这些活动可能包括数据访问、数据导出、数据展示等。在数据使用过程中，组织需要遵循一系列合规的使用原则，确保数据合法、安全和可靠，以支持组织的决策和业务操作。

7. 数据提高

数据提高是指在数据生命周期中，通过各种方法和技术手段，提高数据的质量、价值和使用效果。这些方法和技术包括但不限于数据清洗、数据转换、数据聚合、数据挖掘、数据校验、数据标准化、数据加密等。

数据有别于其他资产的一个特征，就是数据在使用后不会发生损耗。不同的人或流程可以在同一时间使用相同的数据，或者多次使用同一数据，这些都不会导致数据耗尽。数据没有损耗，反倒经过多次使用后，还会产生更多的数据。所以，要将不断产生的新数据纳入数据生命周期管理。数据提高贯穿于整个数据生命周期中。

8. 数据归档或销毁

数据归档是指将那些生命周期步入尾声的数据保存到低性能、廉价的存储介质中，它是数据生命周期管理必不可少的步骤。在数据正常运行过程中，数据热度逐渐降低，可以将其划分为热、温、冷和冰等级，这可以看作数据归档的过程。根据企业监管法规和企业战略的要求，可以明确划定数据热、温、冷、冰之间的界限，并制定出企业

数据归档策略，依据归档策略对数据进行归档处理。

数据归档主要与监管法规要求和企业数据战略有关，如下关键指标可供参考。

（1）数龄大且老化的数据。

（2）低使用率且容量大的数据。

（3）暂无数据价值的冰数据。

（4）企业监管法规要求强行保留的数据。

（5）由于具有关键价值而被保留的数据，无关乎使用概率。

数据归档还要考虑数据结构重构、数据压缩格式改变、访问性变化、数据可恢复性、数据可理解性、元数据管理等方面。

随着存储成本进一步降低，越来越多的企业采取了“保存全部数据”的策略。这是因为从业务和管理的角度，以及数据价值的角度讲，无人能够预测未来会使用什么数据。但随着数据量急剧增长，从价值成本的角度考虑，存储超出业务需求的数据未必是好的选择。有时一些历史数据也会导致企业的法律风险，因此数据销毁仍是很多企业应该考虑的选项。

为防止机密数据泄露给未经授权的人员，各部门人员应将需要销毁的数据送到数据管理部门，由存储介质安全管理部门按照评审通过的销毁方法统一进行安全销毁。未经审核和评审的机密数据，组织人员不得擅自销毁。

数据管理人员和数据提供者须根据实际情况，结合业务和数据重要性，明确需要销毁的数据，并在数据销毁平台上提出相应的数据销毁申请，需要填写的内容包括申请人、销毁内容、涉及部门、销毁原因等。经上级领导审批后，提请数据决策者和管理部门审批。

数据管理部门接到数据销毁申请后，应组织相关人员召开数据销毁评审会议，对申请销毁的数据进行合理性和必要性评估，并根据数据分级和分类，评审数据销毁的手段和方法，包括物理销毁和逻辑销毁，如覆写法、消磁法、捣碎法/剪碎法、焚毁法，或配置必要的数据销毁工具等，确保以不可逆的方式销毁数据内容。对于评审通过的数据销毁申请，数据管理部门应委托数据开发者在数据销毁管理平台上录入数据销毁实施期限并确认销毁申请审核。若评审结果为否决销毁，则由数据管理部门在数据销毁管理平台上进行否决需求操作。

销毁数据时，组织须设置数据销毁相关的监督人员来监督数据销毁过程，确保数据销毁符合要求，并对审批和销毁过程进行记录。

（三）数据生命周期管理评估

数据生命周期管理评估主要是对数据在其整个生命周期中的各个阶段进行评估。评估的目的是发现数据在其整个生命周期中存在的问题和风险，提出相应的解决方案和管理策略，从而提高数据的质量和可靠性。

数据生命周期管理的一些常见评估指标和方法如下。

（1）数据质量评估。数据质量评估是指从数据综合应用的角度考虑，对信息和数据的采集、存储和产出进行全面的考察和评价，从而提高信息和数据的可信度和有效度，为决策提供更有力的基础。

（2）数据安全性评估。评估数据的保密性、完整性和可用性等方面，以确保数据的安全性和可靠性。评估数据安全性时，可以采用漏洞扫描、渗透测试、代码审查、访问控制等技术和方法。

（3）数据合规性评估。评估数据的管理实践和流程是否符合相关法规和标准的要求，以确保数据的合规性和合法性。评估数据合规性时，可以采用对照法规、合规审计、风险评估、合规培训、合规咨询等技术和方法，也需要建立相应的合规制度和流程，以确保数据的合规性。

（4）数据效率评估。评估数据的产生、存储、使用和消亡的整个过程中的效率和成本效益，同时，也需要采取优化措施，如数据压缩、数据缓存、查询优化等，以确保数据的产生和使用是经济高效的。

（四）数据血缘管理

1. 数据血缘关系概述

（1）数据血缘关系的概念。在大数据时代，数据来源极其广泛，各种类型的数据在快速产生，数据呈爆发性增长。从数据产生，通过加工融合流转产生新的数据，到最终消亡，数据之间的关联关系可以称为数据血缘关系。

数据血缘关系是元数据管理、数据治理、数据质量的重要组成部分，用于追踪

数据的来源、处理、出处，为评估数据价值提供依据。数据血缘关系会以来源 / 目标映射的形式呈现，这样就可以了解到源系统的属性以及它们如何被迁移至目标系统。

（2）数据血缘关系的特征

1）归属性。数据是被特定组织或个人拥有所有权的，拥有数据的组织或个人具备数据的使用权，达到促销、风险控制等目的。

2）多源性。同一个数据可以有多个来源，包括由多个数据加工生成，或者由多种加工方式或加工步骤生成。

3）可追溯。数据血缘关系体现了数据的全生命周期，从数据生成到废弃的整个过程均可追溯。不管是结构化数据，还是非结构化数据，都具有数据血缘关系，它们的血缘关系或简单直接，或错综复杂，可以通过科学的方法追溯。

4）层次性。数据血缘关系是具备层级关系的，就如同传统关系型数据库中，用户是级别最高的，之后依次是数据库、表、字段，它们自上而下，一个用户拥有多个数据库，一个数据库中存储多张表，而一张表中有多个字段。

2. 数据血缘管理概述

（1）数据血缘管理的概念。数据血缘管理是一种对数据资产进行全面管理和追踪的方法，它关注数据的来源、处理过程、使用方式和去向等方面。这种管理方式有助于了解数据的全貌，包括数据在哪些地方被使用、如何被使用，以及经过了哪些处理过程等。其可以帮助企业更好地了解数据资产的状况，发现数据质量问题，评估数据价值，制定更有效的数据处理策略。

（2）数据血缘管理过程。数据血缘管理过程主要包括以下几个方面。

1）数据血缘关系的建立。通过数据血缘关系的建立，可以追踪数据的来源和流向，了解数据是如何被处理和转换的，以及数据之间的关系。

2）数据血缘关系的分析。通过分析数据血缘关系，可以发现数据质量问题，如数据完整性和准确性问题。同时，可以根据数据的血缘关系分析数据的价值，了解数据的受众以及更新频次和量级。

3）数据血缘关系的利用。在了解数据血缘关系的基础上，可以制定更有效的数据处理策略。例如，对于重要的数据资产，可以进行重点管理和保护；对于低价值的数据资产，可以进行归档或销毁。

数据血缘管理过程要关注以下几个方面。

1）全面性。分析数据血缘关系时，要尽可能全面涵盖相关的数据表、字段和数据流程。这有助于更准确地识别和理解数据之间的依赖关系和影响路径。

2）及时性。分析数据血缘关系时，需要注意及时性。及时获取和分析数据血缘关系可以帮助企业及时发现和处理数据问题，提高数据的质量和可靠性。

3）准确性。分析数据血缘关系时，如果数据血缘关系的准确性不足，将导致数据不一致、错误，甚至产生数据孤岛，影响数据整体质量和可信度。

4）可追溯性。分析数据血缘关系时，要清晰地展示数据的来源和去向，能够回溯数据的处理过程和历史记录。这样有助于发现和解决数据问题，提高数据的质量和价值。

5）可视化展示。数据血缘管理可以通过可视化展示来进行。通过数据血缘关系图谱等方式，可以清晰展示数据生命周期，方便对数据进行管理和查询。

6）持续性管理。数据血缘关系管理不是一次性的工作，而是需要持续进行的管理活动。要定期对数据进行检查和更新，对数据血缘关系进行调整和完善，以确保数据血缘关系的准确性和完整性。

（3）数据血缘管理的价值体现。数据血缘管理在以下几个方面产生价值影响。

1）业务影响。数据对每个组织的生存都至关重要。出于这个原因，企业必须考虑跨多个系统的数据流，以促进组织决策。对企业来说，清楚地了解数据来源、数据使用者及数据转换方式是有意义的。此外，环境发生变化时，评估对企业应用程序环境的影响也很有价值。在数据预期发生变化的情况下，数据血缘提供了一种确定下游应用程序和流程受变化影响的方法，并有助于规划应用程序更新。

2）合规性和可审计性。业务术语和数据策略应该通过标准化和文档化的业务规则来实现。可以通过数据血缘跟踪来确保这些业务规则的遵从性，在数据转换和管道中整合可审核性和验证控制，以便在存在不符合要求的数据实例时生成警报。此外，不同的组织利益相关者（客户、员工和审计员）需要能够理解和信任报告的数据。数据血缘证明所提供的数据能够得到准确反映。

3）数据治理。自动化数据血缘解决方案将元数据缝合在一起，以了解和验证数据的使用情况，并降低相关风险。它可以自动记录端到端的上游和下游数据血缘，显示所做的更改、更改人和更改时间。这种数据所有权、责任制和可追溯性是健全的数据治理计划的基础。

4）协作。分析和报告依赖数据，因此不同业务组和部门之间的协作至关重要。数据血缘的可视化可以帮助业务用户发现数据流的内在联系，从而提供更高的透明度和可审核性。

5）数据质量。数据质量受数据经过人、过程和技术的移动、转换、解释和选择的影响。根本原因分析是修复数据质量的第一步。一旦数据管理员确定数据缺陷的引入位置，就可以确定错误的原因。通过数据血缘和映射，数据管理员可以追溯信息流，检查应用的标准化和转换，以确认它们是否正确执行。

（五）数据血缘管理方法和平台工具

1. 数据血缘的收集方法

对数据血缘关系进行管理时，首先要收集和建立数据在系统中的数据血缘关系。主要有以下几种数据血缘收集方法。

（1）自动解析。自动解析是当前主要的数据血缘收集方法，通过自动解析方法收集到的数据，可以用于计算数据集之间的依赖关系，从而发现数据血缘关系。

（2）系统跟踪。在数据加工流动过程中，由加工主体工具负责发送数据映射，通过系统跟踪方法收集到的数据，可以用于计算数据集之间的依赖关系，从而发现数据血缘关系。这种方法一般适用于统一的加工平台。

（3）机器学习方法。收集 SQL 执行结束后的数据，包括 SQL 语句和执行结果等，对收集到的数据进行清洗、去重、格式转换等操作，将数据转换为适合机器学习模型处理的格式，从数据中提取与血缘关系相关的特征，使用机器学习算法对提取出的特征进行训练，学习数据血缘关系模式，利用训练好的模型对新的数据进行血缘关系预测，输出可能的数据依赖关系和影响路径。

2. 数据血缘分析方法

对收集到的数据血缘关系进行分析时，可以使用以下几种分析方法。

（1）静态分析法。静态分析法是一种在程序代码中识别和提取特征的技术。它可以帮助在数据血缘分析中识别出潜在的数据表和字段，以及它们之间的连接关系，避免受人为因素的影响，其精度不受文档描述详细程度、测试案例和抽样数据的影响。

（2）接触感染式分析法。接触感染式分析法是一种逆向工程技术，通过分析程序如何使用其他程序中的功能，以确定它们之间的依赖关系。在数据血缘分析中，它可以用于识别哪些数据表或字段被其他数据表或字段所依赖。

（3）逻辑时序性分析法。为了避免冗余信息的干扰，根据程序处理流程，将与数据库、文件、通信接口数据字段没有直接关系的传递和映射的间接过程和程序中间变量，转换为数据库、文件、通信接口数据字段之间的直接传递和映射。

3. 常见的数据血缘管理平台

（1）数仓血缘。数仓血缘是数据仓库领域中的一种模型，用于描述数据仓库中各个表之间的依赖关系和数据流动情况。数仓血缘模型可以帮助企业更好地理解数据仓库中的数据来源、数据加工过程和数据消费情况，从而更好地管理和优化数据仓库架构，提高数据处理效率和数据质量。数仓血缘应该包括加工关系、聚合关系和筛选关系。

（2）全链路血缘。全链路血缘是指数据在采集、传输、存储、处理、分析、共享、销毁等全生命周期中各个环节的流转关系，以及各环节之间的依赖关系和数据自身的特征属性，其将上下游不同的数据库都纳入整个数据血缘关系。

（3）数据资产图谱。数据资产图谱是一种用来描述实体、属性和关系的模型，以E–R 图为基础，从逻辑模型到物理模型的转换，将其融入数据血缘关系，形成数据资产的图谱。逻辑模型、物理模型以及数据技术属性，包括上下游数据血缘关系，是构建数据资产图谱不可或缺的一部分。

4. 数据血缘管理平台应具备的能力

（1）支持多种数据血缘来源。数据血缘平台应能够支持多种数据血缘来源，包括但不限于数据加工 SQL、存储过程、ETL 数据传输、数据库日志、应用埋点等。

（2）实时且自动化的数据血缘更新方式。数据血缘管理平台应能够实时更新数据血缘信息，包括定时自动上传数据血缘文件、定时自动采集数据血缘信息、数据血缘变化自动推送等数据血缘更新方式。

（3）丰富的数据血缘地图交互方式。数据血缘管理平台应能够通过丰富的交互方式，帮助用户更好地理解和使用数据血缘信息，包括针对表、字段等实体的搜索；链路层级的控制；数据库、数仓层级、数据表、字段等多层次对象的嵌套显示；复杂血缘关系的下钻、聚焦；兼容多类型数据库 / 数据应用的集中展示；相关详细元数据信息的高效查询；详细数据血缘信息的导出（便于二次加工）等。

（4）智能建立逻辑模型与技术元数据映射。数据血缘管理平台应能够智能地建立逻辑模型与技术元数据的映射关系，从而更好地理解数据的生命周期和数据之间的关联关系。

（5）高性能的数据血缘关系查询分析方式。数据血缘管理平台应能够提供高性能的血缘关系查询分析功能，以便用户能够快速查询和分析数据血缘信息，如支持海量实体、关系的即时查询，支持对实体名称和属性进行精确查找和向量匹配，支持 3 级及 3 级以上关系的即时追踪，支持图模式匹配，支持图分析算法，支持 LLM 等 AI 模型的加速推理等。

（六）数据生命周期与数据血缘关系分析的关系

1. 数据生命周期管理是数据血缘关系分析的基础

数据生命周期管理涵盖了数据的全生命周期，为数据血缘关系分析提供了基础和前提。通过数据生命周期管理，企业可以了解数据的产生、演变、保存和删除等过程，从而掌握数据的来龙去脉。这些信息可以为数据血缘关系分析提供重要的线索和依据，帮助企业更好地了解数据的全貌和处理过程。

2. 数据血缘关系分析是数据生命周期管理的关键环节

在数据生命周期管理中，对数据的处理、流转和变化过程的了解和控制是至关重要的。数据血缘关系分析就是通过对这些过程的分析，发现数据之间的关联和依赖关系，帮助企业了解数据的全貌和处理过程。同时，数据血缘关系分析还可以为数据生命周期管理的优化提供依据和参考，促进数据生命周期管理发展。

3. 数据生命周期管理和数据血缘关系分析相互促进

数据生命周期管理和数据血缘关系分析是相互关联、相互促进的。一方面，通过数据血缘关系分析，企业可以更好地了解数据的全貌和处理过程，为数据生命周期管理的优化提供依据和参考。另一方面，数据生命周期管理的优化又可以为数据血缘关系分析提供更好的基础和环境，促进数据血缘关系分析的发展。

八、隐私保护

（一）个人隐私与数据管理

1. 个人隐私保护的挑战

随着互联网和数据技术的飞速发展，个人隐私信息被采集、存储、处理和共享的程度前所未有地提高，在当今的数字化时代，日常生活和工作几乎都与数据紧密相连。这是一把双刃剑，一方面，通过对数据的利用，能够优化决策和生产生活流程；另一方面，个人隐私泄露的风险也在增加，隐私信息可能被用于商业目的，或者被不法分子用于诈骗、敲诈勒索等犯罪行为。在这种情况下，个人隐私保护尤为重要，目前个人隐私遭受多种威胁。

（1）数据泄露。数据泄露是指未经授权的个人敏感信息被泄露到公众领域。数据泄露可以包括个人身份信息、财务信息、医疗信息、政治信息等泄露。这种信息泄露可能导致个人隐私被侵犯，或者被用于实施盗窃、金融欺诈等活动。

（2）网络钓鱼。随着互联网的普及，许多人会通过网络购物、浏览网页、电子邮件等途径，输入个人信息，如姓名、地址、银行卡号等敏感信息。此时，网络钓鱼网站就成为他们最容易受到攻击的地方。黑客可以通过伪造的网站，诱导用户提供敏感信息，从而达到非法的目的，如盗窃银行账户密码等。

（3）社交媒体。社交媒体平台如微信、微博等，成为人们日常生活中不可或缺的一部分。然而，这些平台存在个人信息泄露的风险。用户在社交媒体平台上的个人信息可能会被不法分子利用，进行诈骗、盗窃等活动。此外，社交媒体平台面临监管困难的问题，用户隐私难以得到有效保护。

（4）个人信息滥用。滥用个人信息会对个人造成名誉上的损害。例如，某些不法

分子可能通过社交媒体平台发布虚假信息，损害他人名誉。更有甚者，会通过收集个人信息，进行诈骗等活动，给受害人带来财产损失。

2. 隐私保护和数据安全

隐私保护和数据安全是当今数字化社会中非常重要的两个问题。随着人们的生活和工作越来越依赖数字化技术，隐私泄露和数据安全遭受威胁的风险也越来越高。

隐私保护是指确保个人信息不被他人非法访问、使用、披露或共享。在数字化时代，个人隐私已经成为非常重要的资产。隐私泄露可能对个人造成长期的负面影响，如社交账户被盗用、个人信息被泄露、身体或心理健康受到侵犯等。

隐私保护的重要性不容忽视。首先，隐私保护有助于维护个人尊严。个人隐私权被侵犯时，他们会感到自己的权利被剥夺，从而对其自尊心造成伤害。其次，隐私保护有助于防止犯罪。许多犯罪活动涉及个人信息泄露，如网络钓鱼、身份盗窃、网络诈骗等。因此，保护个人隐私权可以有效预防这些犯罪行为。

数据安全是指确保数据不被未经授权地访问、篡改、窃取或泄露。隐私保护是数据安全的前提，数据安全需要考虑隐私保护，二者相互依存、相互促进，因此要同时加强隐私保护和数据安全措施。

3. 隐私保护和数据安全技术

在隐私保护和数据安全上，各类组织会根据数据类型、数据私密性、数据安全要求等采取多种隐私保护措施和数据安全技术。例如，在隐私保护上，往往会对数据进行脱敏或加密处理，即将原始数据转化为无法识别的信息。对数据安全和隐私要求较高的数据可能采用中心化技术，它是一种将数据和权利分散到多个节点上的技术，使数据没有一个单一的实体可以控制或监督，从而保护数据的安全性和隐私性。

在数据安全技术上，通常会对数据管理系统构建防火墙与入侵检测系统等，并且通过数据备份和恢复技术，在数据丢失或受到攻击时快速恢复数据，以避免数据丢失和业务中断。

总而言之，隐私保护和数据安全是当今数字化社会中至关重要的两个问题。通过使用隐私保护技术和数据安全技术，可以尽可能保护个人隐私和数据安全。

（二）数据隐私保护的强制性规范

2021年9月1日，《中华人民共和国数据安全法》正式施行。2021年11月1日，《中华人民共和国个人信息保护法》（简称《个人信息保护法》）正式施行。监管部门也加强了对违规收集用户信息的App和网站的检查、处罚。

《个人信息保护法》不仅对App过度收集个人信息、利用个人信息进行自动化决策等做出了针对性规范，而且首次规定了数据可携带权，在增强个人对其本人信息转移与再利用行为进行控制的同时，也对国内企业数据合规治理提出了新的要求。

关于数据隐私保护的强制性规范的典型就是对应用算法推荐技术的限制和管理。应用算法推荐技术，是指利用生成合成类、个性化推送类、排序精选类、检索过滤类、调度决策类等算法技术向用户提供信息，俗称“大数据杀熟”。

为了规范互联网信息服务的算法推荐活动，国家出台了有针对性的算法推荐规章制度。2022年1月4日，国家互联网信息办公室、工业和信息化部、公安部、国家市场监督管理总局联合发布了《互联网信息服务算法推荐管理规定》（以下简称《规定》），自2022年3月1日起施行。

《规定》要求，算法推荐服务提供者应当坚持主流价值导向，积极传播正能量，不得利用算法推荐服务从事违法活动或者传播违法信息，应当采取措施防范和抵制传播不良信息；建立健全用户注册、信息发布审核、数据安全和个人信息保护、安全事件应急处置等管理制度和技术措施，定期审核、评估、验证算法机制机理、模型、数据和应用结果等；建立健全用于识别违法和不良信息的特征库，对发现的违法和不良信息采取相应的处置措施，不得将违法和不良信息关键词记入用户兴趣点或者标签并据以推送信息。

加强用户模型和用户标签管理，完善记入用户模型的兴趣点规则和用户标签管理规则；加强算法推荐服务版面页面生态管理，建立完善人工干预和用户自主选择机制，在重点环节积极呈现符合主流价值导向的信息；规范开展互联网新闻信息服务，不得生成合成虚假新闻信息或者传播非国家规定范围内的单位发布的新闻信息；鼓励算法

推荐服务提供者综合运用内容去重、打散干预等策略，并优化检索、排序、选择、推送、展示等规则的透明度和可解释性，避免对用户产生不良影响，预防和减少争议纠纷。

除了上述规定，国家各部委还发布了相应的部门规章和实施细则，进一步强化隐私保护，从国家层面不断丰富数据隐私保护的强制性规范体系。

九、数据安全审计

（一）数据安全审计概述

数据安全审计是安全管理部门的重要职责，其目的在于确保数据安全治理的策略和规范能够得到有效执行和落地，以便快速发现潜在风险和非法行为。数据安全审计不但可以帮助人们明确数据安全防护的方向，调整并优化数据安全治理策略，而且可以补足数据安全存在的漏洞，使安全防护体系拥有动态适应能力，真正实现数据安全防护的目标。

1. 数据安全审计类型

数据安全审计作为对操作行为、高危访问、非法攻击、异常账户、账户审查、权限审查等内容的监测和审查机制，可以及时发现数据安全风险并采取措施，其类型和内容见表 3–6。

表 3–6　　数据安全审计的类型和内容

数据安全审计类型	审计内容
操作行为	根据用户操作行为，从操作类型、操作人员、操作机构、操作时间等多维度入手，对数据的被访问情况进行无死角透视、综合监控和分析，并针对异常行为进行风险预警
高危访问	在指定的时间周期内，记录和监控不同访问来源的用户 ID、MAC 地址、操作系统、主机名等，以便及时发现高危的异常访问，例如一段时间内重发查询客户信息几百次等
非法攻击	利用数据安全监控技术和相关工具对系统漏洞攻击、SQL 攻击、口令攻击等非法行为进行实时监控和预警
异常账户	同一账号被多个人使用，比如同时登录或登录 IP 地址经常变化；账户连续多次登录失败等

续表

数据安全审计类型	审计内容
账户审查	确保每位离职员工都不能访问企业 IT 基础架构，这对于保护企业系统和数据至关重要。如果有员工对企业心怀不满，但仍然有访问企业数据资产的权限，则可能使企业受到严重损害，因此，进行账户审查是防止“删库跑路”的重要手段
权限审查	鉴于用户角色、业务需求和 IT 环境在不断变化，因此有必要定期检查权限的变化，以便控制企业内部的安全风险。权限变化监控是指对所有账号权限变化情况进行监控，包括账号的增加和减少、权限的提高和降低等方面。权限审查是数据安全审计中的重要一环

2. 数据安全审计告警机制

为了实现数据安全防护目标，数据安全审计采用了一种事后通知机制，即数据安全审计告警机制。数据安全审计拥有一套完整的告警机制，通过事先设置好的告警规则，基于数据流转的全生命周期中设置的每个监测点，在第一时间将危险通知相关岗位或系统。数据安全审计告警机制的运行可以分为以下三个步骤。

（1）设置监测点。在数据的新增、变更、采集、处理、存储、使用和分析等过程中设置数据安全监测点，在发生非法访问或其他危险行为时及时发出告警。

（2）设置监测规则。数据安全监测规则是对非法访问控制策略的细分，如账户异常、授权异常、外部恶意攻击、内部漏洞等。

（3）告警通知。当系统监测到导致数据丢失、被篡改、被擅自披露或其他非法访问的危险事件或安全漏洞时，第一时间发出告警，通知数据安全管理员或系统规定的相关角色，这样就可以有针对性、高效地防止危险事件进一步升级或减小该危险事件带来的影响。

3. 事后溯源机制

在数据访问、使用过程中，如果出现安全事件，则可以通过审计机制对该事件进行追踪溯源。通过这个机制，能够确定事件发生的源头，即事件的发起者、时间、地点、行为和影响等信息，进一步还原事件发生的过程，分析事件造成的损失，从而可以对违规人员进行追责和定责，并为调整安全防控策略提供重要的参考。事后溯源机制主要包括以下三方面内容。

（1）业务异常行为分析。业务异常行为分析是通过对海量业务行为的检测数据的统计分析，确定异常的访问行为后，描绘出合法访问用户和非法访问用户的画像，从而确定非法访问的用户，并针对该类用户的非法行为不断改进相应的安全防护方式。其最终目标是对非法访问所造成的损失进行追责，无论是追责企业还是个人。

（2）业务安全漏洞分析。业务安全漏洞分析是将每次进行业务漏洞与配置合规性监测的结果进行记录，并据此展开多方面、多维度的对比分析，通过这种分析，可以对当前现有业务系统的安全漏洞管理效果进行全方位、多层次的评估，同时，也可以为以后系统及业务模式的改进提供综合的数据支撑。

（3）业务模块安全分析。业务模块安全分析是针对企业现有的应用系统在不同模块（如财务管理、市场营销、生产管理、物资采购、人力资源等）内提供数据安全的多维度分析报告，或者根据不同模块的具体安全需求定制符合其运营特点的安全分析报告。

建立完整的数据安全审计机制是一个综合性工程，基于安全漏洞、安全策略、业务特点等多个维度，该机制对数据的流转、使用和共享等进行全程监控、记录、审计和分析，能够第一时间发现并告警异常数据流转和异常数据使用行为，以便相关管理人员或自动管理系统能够有效应对这些威胁。

（二）数据库安全审计机制

1. 数据库安全审计机制的作用

数据库安全审计对企业或特定数据系统而言是必不可少的数据库安全机制，它具有如下几个特点。首先，数据库安全审计能全程记录并分析那些企图或已经对数据库造成伤害的违规行为，这是属于数据库自身安全防护的一种机制。其次，数据库安全审计会对系统设置的变更情况进行记录并分析，其中包括对敏感客体的审计、修改数据库安全策略的审计以及对审计功能设置变更的审计，因此，数据库安全审计需要具备一定的强制性，并保持独立性。最后，这也是最重要的一点，数据库安全审计必须贯穿整个数据库系统的生命周期，只有持续进行审计跟踪，才能保证审计记录的完整性和审计分析的准确性。

数据库安全审计机制的作用表现为以下几点。

（1）记录数据库系统中发生的各类操作行为。

（2）根据审计生成的日志分析系统运行状况。数据库安全审计系统会根据审计生成的日志对用户操作行为数据和数据库流量数据进行统计和分析，从而得出数据库系统的运行状况。

（3）取证和追究入侵者并界定相关责任。安全审计日志记录了安全事件发生前、发生时和发生后的相应操作行为，根据这些记录的数据可以举证追究入侵者，同时还能界定数据库管理者是否应当承担相应责任。

（4）分析造成安全事件的原因。依据对审计数据的分析发现并排除数据库系统的安全漏洞，同时采取相应的补救措施，防范同样的事件再次发生。

（5）当数据库系统遭到破坏时，数据库安全审计机制可以帮助恢复和备份数据库。

（6）对企图违规者有震慑作用，降低外部入侵或内部违规行为发生的概率。

2. 数据库安全审计模型

数据库安全审计的“日志”功能由采集器和审计日志两部分共同完成。采集器的作用是采集用户的操作行为，并将其转化为审计数据后存储在审计日志中，最终实现安全审计记录的功能。“审计”功能则由人工分析和分析器两部分共同完成，二者根据数据字典设置的审计条件，对审计日志中的审计数据进行过滤并分析。数据库安全审计模型如图 3–18 所示。

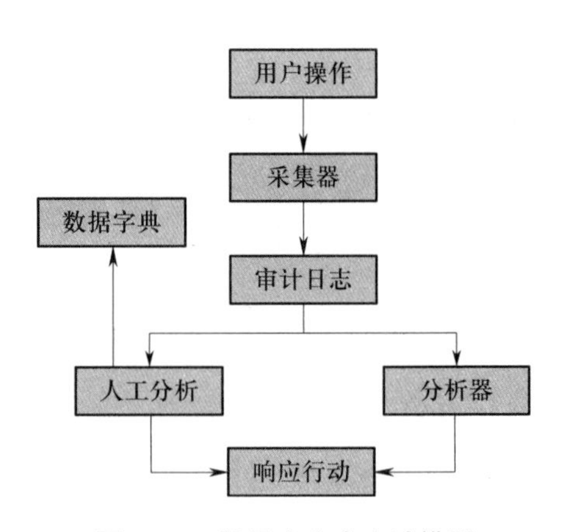

图 3–18　数据库安全审计模型

从不同维度进行分类，数据库安全审计有多种类型。数据库安全审计系统按照审计目标可分为主体审计与客体审计。主体审计是将主体的操作行为当作目标的审计方法，系统会记录相关用户和其他行为主体向数据库发起的所有操作以及与之对应的用户名、用户地址和操作时间等，实现对用户或其他主体操作行为的记录和分析。客体

审计是以数据库中的数据为对象，将数据的变化情况当作目标的审计方法，系统会记录数据库中字段、数据表和视图等对象被操作的类型、次数以及结构内容的变化情况，实现对数据库数据变化情况的记录和分析。

数据库安全审计系统按照审计区域不同可分为以下几类。

（1）语句审计。是指记录选定用户提交的所有 SQL 语句，根据 SQL 语句实现审计功能。

（2）特权审计。是指监控选定用户的系统特权，记录分析用户的特权行为。

（3）模式对象审计。是指在一个模式里记录分析若干个对象上发生的行为。

（4）资源审计。是指记录分析数据库系统分配给每个用户的资源数量及其资源变化情况。

数据库安全审计系统的部署方式可分为旁路监听安全审计、系统自身安全审计和网络串联安全审计。旁路监听安全审计是指将数据库安全审计系统部署在数据库服务器所在的网络中，通过旁路截取网络中数据库的操作信息以对数据库进行审计。这种方式不对数据库造成任何影响，设备也比较容易部署，但技术实现比较复杂。系统自身安全审计是指数据库自身具有安全审计的功能或者在数据库服务器上安装了数据库安全审计系统，启用安全审计功能会对数据库的工作性能产生影响。网络串联安全审计是指将数据库安全审计系统与数据库服务器串联部署，其能截获所有数据库的操作信息，并对违规行为进行阻断，但会导致数据库通信速度的延迟。

数据库安全审计系统按照结构可分为分布式安全审计和集中式安全审计。分布式安全审计是指整个系统采取分布式结构，各部分基于通信相互连接形成一个整体，其适用于大规模多数据库网络。而集中式安全审计则与之相反。

数据库安全审计系统按照工作方式可分为实时安全审计和非实时安全审计。实时安全审计能够实时记录和分析检测数据，但对设备性能要求很高。非实时安全审计虽然不能实时分析数据，但其线下能对审计日志进行更有针对性的分析，同时对设备性能的要求也较低。

（三）数据库安全检测技术

1. 安全检测技术概述

目前，关于解决系统安全问题的技术主要有加解密、防火墙、访问控制、身份识别、认证和安全检测等，它们共同保护着系统多层次、多方面的安全。当然，各类安全技术都存在一些不足，如加密技术无法应对合法用户的越权行为，防火墙无法阻止来自系统内部的攻击等。所以，构建一个真正安全的系统，需要建立完善的安全体系，而从这些安全技术构成的安全体系来看，安全检测技术主要功能包括记录并分析用户和系统的行为、识别异常操作以及响应安全事件。

随着恶意攻击问题日益严峻，动态安全模型的思路逐渐为人们所重视，例如，P2DR 模型（安全策略 policy、安全防护 protection、安全检测 detection、安全响应 response）如图 3-19 所示。安全防护、安全检测和安全响应均是以安全策略为中心动态保证系统的安全。

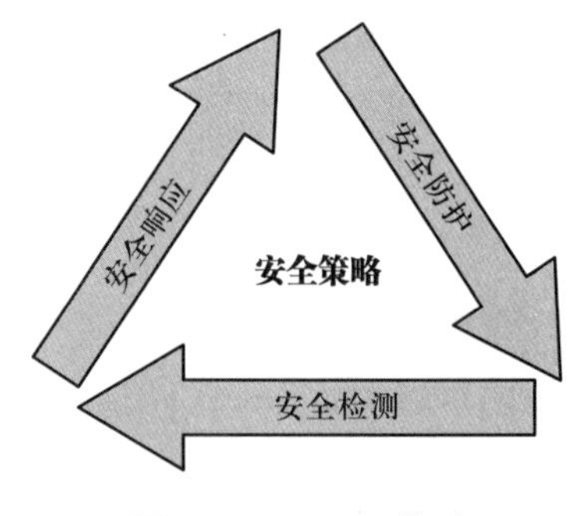

图 3-19　P2DR 模型

安全检测提高了对违规行为的主动检测能力，是系统安全机制变被动为主动的重要方式。系统的安全检测包括多种技术类型，如入侵检测、安全监控、病毒检查等，其中入侵检测和安全监控是典型的主动动态安全技术，而病毒检查则是典型的被动静态安全技术。随着主动动态安全技术的优势逐渐凸显和广泛应用，其已经成为当下最重要的安全检测技术。

基于上述分析，安全检测技术可分为基于误用的检测方法和基于异常的检测方法两大类。

（1）基于误用的检测方法。基于误用的检测方法也被称作基于特征的检测方法，该检测方法的工作原理是：通过分析已知的各类攻击行为，提取攻击行为的特征，并建立特征库。此后，将现有数据与特征库进行匹配，据此判定用户操作是否有误。对于已知的攻击手段，基于误用的检测方法具有较高的准确率，但其对未知的攻击手段则无法有效应对。此外，特征库的维护难度也较高。基于误用的检测方法主要包括以下几类。

1）基于模式匹配的检测方法是指运用自定义的描述语言，在预先设置的规则库中提取现有审计数据的模式，并将其与规则库中的模式进行匹配，从而判断是否有违法行为。该检测方法实现简单且检测效率比较高。

2）基于规则的专家系统是通过“if…then…”规则来描述解决问题的一种方法。该方法将专家经验录入规则库，并预设规则库，通过提取用户操作的特征，并与规则库进行比对，从而判断用户是否存在违法行为。当与规则库匹配成功时，系统就认为这种行为是违法行为。反之，则认为是合法行为。

3）基于状态转换的检测方法是采用状态转移图来表示和检测已知攻击模式的技术，在状态转换检测中，考虑用户操作的每一步对系统状态的影响通过初始状态和危害状态来描述系统状态的改变前后。如果状态转换频率过高，则被认为是违法行为。

（2）基于异常的检测方法。基于异常的检测方法是通过建立一个正常行为模型，通过对比发现异常的行为，达到对未知的攻击类型进行检测并筛选的目的。基于异常的检测方法的建立与用户的操作对象、操作时间和操作行为有紧密的相关性。基于异常的检测方法主要包括以下几类。

1）基于数理统计的审计，即通过采用统计数据的方法进行量化，进而分析用户的行为特征是否在正常行为模型范围内。如果偏差过大，则认为该用户操作异常。采用这类数理统计的模型主要包括以下几类。

①平均值和标准差偏差模型。通过平均值和标准差来统计正常情况下特征量的数值，并以此来判断其后的用户操作是否正常。

②可操作模型。根据预先设置的阈值，将审计处理的度量值与该阈值进行比较，如果度量值显著超出阈值，则认为用户操作异常。

③多变量模型。属于上述两类模型的升级，其采用两个或多个变量来衡量用户的行为。

2）基于神经网络的审计，即利用模拟人思维的神经网络技术进行分析，通过采用一系列的试验数据不断训练神经单元，使其在学习或训练的过程中能够自动适应周围环境改变的要求。基于神经网络的审计模型采用自适应方式来提取用户正常行为。在数据审计过程中，通过提取待审计信息的行为特征，并将其与正常的行为模式进行对比，从而判断用户行为是否异常。

3）基于遗传算法的检测方法是一种模拟自然进化过程寻求最优方式的方法。它是模拟生物进化论自然选择的生物进化过程的计算模型。

4）基于数据挖掘的检测是一种通过从海量数据中自动搜索隐藏在其中的有关系性的数据，进而提取这些数据的特征，然后根据这些特征判断当前的用户行为是否异常的检测方法。采用基于数据挖掘的检测可以全面地检测用户行为，目前数据挖掘的方法对于发现未知违法行为和描述用户正常行为有很好的效果，同时也降低了异常检测中对人工经验支持的要求。但是，目前基于数据挖掘的检测技术还不是太成熟，如对学习数据量的要求比较高、耗费系统资源比较大等，这些问题造成了技术应用的困境。

2. 安全检测与安全审计的关系

从定义上分析，数据库安全审计记录了数据库主体的行为（如登录用户名、操作时间、地址端口和操作目的等）和客体的变化，在全程记录的基础上对数据进行分析，是更侧重于事后的监督和追查机制。而数据库安全检测则是在更加广泛的时间和对象范围内对数据库相关行为事件逐一进行有针对性的检测，强调对数据库安全事件的识别与分析过程。

安全检测与安全审计的关系如图 3–20 所示。数据库安全检测是根据数据库安全审计日志或审计结果对用户操作行为进行安全检测的方法。安全审计提供了安全检测所需的数据来源，安全检测为安全审计提供分析与反馈，使安全审计更具有针对性。因此，安全审计和安全检测在功能和目标上是相互支撑、相辅相成的，甚至可以将它们作为一个整体来考虑。

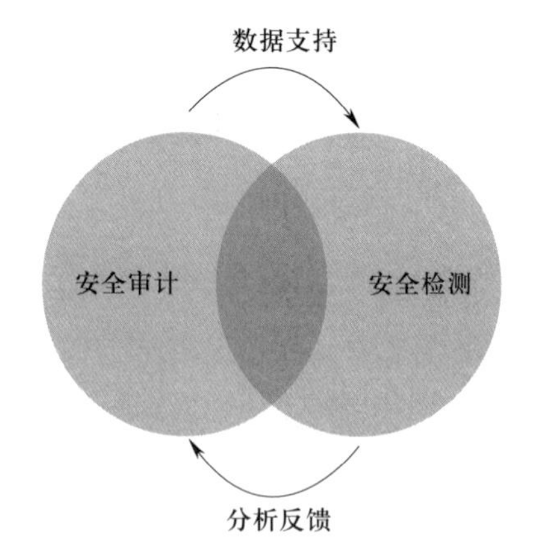

图 3–20　安全检测与安全审计的关系

（四）网络数据安全态势感知技术

随着信息化建设的深化和大数据、物联网、云计算和移动互联网等信息化技术的

发展，我国政企客户在IT网络安全领域面临比以往更为复杂的局面，新的信息安全问题不断浮出水面。这里既有来自企业和组织外部层出不穷的入侵和攻击，也有来自企业和组织内部的违规和信息泄露。

一方面，政企客户面对的来自外部的新的网络安全威胁层出不穷，如特种木马攻击、水坑攻击、钓鱼攻击甚至威胁更大的APT攻击已无法被传统防火墙、杀毒软件等安全防护设备发现和阻止。另一方面，尽管很多政企客户已建设有完善的网络隔离和防护体系，仍很难发现和预防来自组织内部的违规操作和信息泄露等问题。虽然内部威胁没有外部攻击那么频繁，但往往会造成更大的损失，特别是在那些“危险人员”具有重要数据的访问权限的情况下。

针对政企客户的网络空间安全管理需求，需要全方位全天候感知政企客户网络数据安全态势。因此，政企客户需要一套网络数据安全态势感知系统，以便能够“感知”组织内外部的安全问题和网络威胁。就像人能够通过看、听、嗅、触等方式感知危险一样，网络数据安全态势感知系统可检测环境中的细微差异，如潜伏的入侵者或恶意的内部人员；感知安全威胁而不依赖少数训练有素的专家来发现攻击；能收集各类安全事件信息，并能确定问题的严重性和优先级；能识别政企客户内部的信息资产、安全漏洞和风险等。

传统的安全态势感知有多种定义，以美国国家科技委员会在2006年提出的定义为例，网络空间态势感知是一种能力，用以实现以下几个目标：

（1）理解并可视化展现IT基础设施的当前状态，以及IT环境的防御姿态。

（2）识别出对于完成关键功能最重要的IT基础设施组件。

（3）了解对手可能采取的破坏关键IT基础设施组件的行动。

（4）判定从哪里观察恶意行为的关键征兆。

安全态势感知系统的主要作用如下。

1. 助力《网络安全法》和《信息安全等级保护管理办法》合规管理

系统遵从《网络安全法》和《信息安全等级保护管理办法》中的相关安全设计和技术要求。系统能够帮助政企客户更好地遵从《网络安全法》和《信息安全等级保护管理办法》的基本安全要求和安全设计要求。

《网络安全法》是网络安全行业的国家法律，其明确提出了网络运行安全、网络信息安全、监测预警与应急处置等要求。其第二十一条要求，采取监测、记录网络运行状态、网络安全事件的技术措施，并按照规定留存相关的网络日志不少于六个月。系统提供安全实时监测和全天候全方位安全态势感知，对各类网络日志进行集中采集和存储，协助客户进行安全数据的统计、查询、分析和报告。系统支持安全监测预警和信息通报，可根据规范通过接口上报和下发安全信息。

2. 日常安全运维的有力工具

安全态势感知与管理平台通过态势要素的采集、分析和展示为安全管理人员提供了可视化的安全态势展示，实现对 IT 网络和重要业务系统的持续安全监测，以资产和业务系统为中心，从资产运行状态、脆弱性、面临威胁和攻击、风险等方面持续感知网络安全，系统提供了全网的可视化安全、安全检测、预警和响应处置的平台，可帮助安全运维人员进行安全监测、威胁检测、安全事件分析、审计与追踪溯源、调查取证、应急处置，并辅助运维人员生成所需的报表报告。

3. 全方位全天候动态网络内外安全态势感知

常见的安全态势感知系统从网络安全的某一维度进行态势感知，如偏向于 IDS 结合沙箱及流量分析的威胁感知，偏向于结合系统和 Web 漏洞扫描的漏洞感知，偏向于网站安全监测的网站安全态势感知，偏向于终端安全分析的终端安全态势感知等。这些态势感知产品无法满足全方位网络安全的态势感知需求，无法为管理者呈现一幅全方位的融合所有安全要素的态势感知图景。

安全态势感知与管理平台提供“全天候全方位态势感知”。根据监测安全控制点的不同需求设定感知的频率和周期，取得实时和动态的感知效果。全方位是从网络安全的核心要素入手，依据国际和国家相关技术标准体系，从多维度感知网络安全态势。包括资产信息感知、运行状态感知、脆弱性感知、安全威胁感知、攻击及影响感知、风险感知和安全管理水平感知。这些维度的态势感知相互依托、互为补充，构成全方位的态势感知图景。

第二节　数据管理评估

数据管理评估是对组织的数据管理能力进行的全面评估，旨在规范组织的数据管理和应用工作，从而提升组织的数据管理和应用能力。全国信息技术标准化技术委员会于 2014 年启动数据管理能力成熟度评价模型（data management capability maturity assessment model，DCMM）的编制工作，于 2018 年 10 月 1 日正式以国家标准实施（标准号：GB/T 36073—2018）。

本节主要介绍数据管理能力成熟度评价模型 DCMM 及评估过程等内容，并举例和介绍企业在数据管理中常见的实施方法和改进措施。

一、数据管理能力成熟度评价模型介绍

DCMM 是一个整合了标准规范、管理方法论和评估模型等多方面内容的综合框架，目标是提供一个全方位组织数据能力评估的模型。在模型设计中，结合数据生命周期管理各个阶段的特征，对数据管理能力进行了分析和总结，提炼出了组织数据管理的八大能力。这八大能力被划分为八个关键能力域，即数据战略、数据治理、数据架构、数据应用、数据安全、数据质量管理、数据标准、数据生命周期，DCMM 能力域和能力项见表 3-7，描述了每个过程域的建设目标和度量标准，可以作为在组织中进行数据管理工作时的参考模型。

表 3–7　　DCMM 能力域和能力项

八大能力域	28 个能力项	目　的
数据战略	数据战略规划	组织开展数据管理工作的愿景、目的、目标和原则，以及目标与过程监控，结果评估与战略优化
	数据战略实施	
	数据战略评估	
数据治理	数据治理组织	用来明确相关角色、工作责任和工作流程，并进行有效沟通，确保数据资产长期可持续管理
	数据制度建设	
	数据治理沟通	
数据架构	数据模型	定义数据需求，指导对数据资产的整合和控制，使数据投资与业务战略相匹配的一套整体构建和规范
	数据分布	
	数据集成与共享	
	元数据管理	
数据应用	数据分析	对内支持业务运营、流程优化、营销推广、风险管理、渠道整合等，对外支持数据开放共享、服务等
	数据开放共享	
	数据服务	
数据安全	数据安全策略	制定、执行相关安全策略和规程，确保数据和信息资产在使用过程中有恰当的认证、授权、访问和审计等措施
	数据安全管理	
	数据安全审计	
数据质量管理	数据质量需求	数据质量是指数据对其期望目的的契合度，即从使用者的角度出发，数据满足用户使用要求的程度
	数据质量检查	
	数据质量分析	
	数据质量提升	
数据标准	业务术语	组织数据中的基准数据为组织各个信息系统中的数据提供规范化、标准化的依据，是组织数据集成、共享的基础
	参考数据和主数据	
	数据元	
	指标数据	
数据生命周期	数据需求	为实现数据战略确定的数据工作的愿景和目标，实现数据资产价值，需要在数据全生命周期中实施管理，确保数据能够满足数据应用和数据管理需求
	数据设计和开发	
	数据运维	
	数据退役	

（一）能力域

1. 数据战略

数据战略能力域关注整个组织数据战略的规划、愿景和落地实施，为组织的数据管理和应用工作提供战略保障，组织的数据战略需要和业务战略保持一致，并且需要在利益相关者之间达成一致。

2. 数据治理

数据治理是对组织数据资产进行控制的活动集合，其中包括实践组织数据管理制度，指导组织进行数据规划、数据环境建设、数据安全管理、元数据管理、数据质量管理等。

3. 数据架构

收集并分析组织及其应用系统的数据需求，制定数据模型的开发和管理规范，设计并维护组织级别和系统应用级的数据模型；识别数据在业务流程和信息系统中的分布关系，建立组织应用系统之间数据集成共享的标准和环境，并对元数据模型进行分类和管理。

4. 数据应用

数据应用是指通过对组织数据进行统一的管理、加工和应用，对内支持业务运营、流程优化、营销推广、风险管理、渠道整合等活动，对外支持数据开放共享、数据服务等活动，从而提升数据在组织运营管理过程中的支撑和辅助作用，同时实现数据的价值变现。数据应用是数据价值体现的重要方面，而且数据应用的方向需要和组织的战略、业务目标保持一致。

5. 数据安全

数据安全是指通过采用各种技术和管理措施，保证数据的机密性、完整性和可用性。

（1）机密性，也被称为保密性，是指确保个人或团体的信息不被其他不应获得者获得。

（2）完整性，是指在传输和存储信息或数据的过程中，确保信息或数据不被篡改，并且在篡改后能够被迅速监测到。

（3）可用性，保证合法用户对数据的使用不会被不正当拒绝。

6. 数据质量管理

数据质量是指数据对其期望目的的满足度，即从使用者角度出发，数据满足用户使用要求的程度。数据质量管理主要关注数据质量需求、数据质量检查、数据质量分析和数据质量提升的实现能力，它包含对数据在计划、获取、存储、共享、维护、应用、消亡等生命周期的每个阶段可能引发的各类数据质量问题进行识别、度量、监控、预警等一系列活动，并通过提高组织管理水平来进一步提高数据质量。

7. 数据标准

数据标准是组织数据中的规范和基准，为组织各个信息系统中的数据提供规范化、标准化的依据。它是组织数据集成和共享的基础，也是组织数据的重要组成部分。依据数据特性的不同，数据标准可以具体划分为四大类：业务术语标准、参考数据和主数据标准、数据元标准、指标数据标准。

8. 数据生命周期

数据是对客观真实世界的反映，也是对人如何认识客观世界的反映，而不是信息系统的产物和附属品。因此，数据管理和数据应用所关注的时间范围应延伸至数据的全生命周期，而非仅受限于信息系统的构建和应用过程。对数据生命周期进行管理，可以确保从宏观规划、概念设计到物理实现，从数据获取、处理到应用、运维和退役的全过程中，数据能够满足数据应用和数据管理需求。

（二）数据管理能力成熟度评估等级

DCMM 将数据管理能力成熟度划分为五个等级（见图 3–21），从低向高依次为初始级、受管理级、稳健级、量化管理级和优化级。不同的等级代表组织在数据管理和应用上的成熟度水平不同。

1. 初始级

数据需求的管理主要是在项目级体现，没有统一的管理流程，主要是被动式管理，具体特征如下：

（1）制定战略决策时，组织未获得充分的数据支持。

（2）缺乏正式的数据规划、数据架构设计、数据管理组织和流程等。

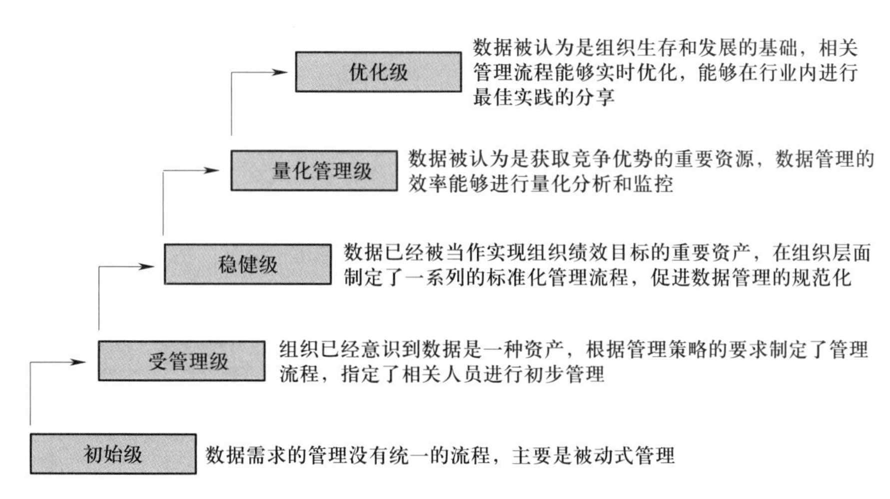

图 3–21　DCMM 数据管理能力成熟度等级

（3）各业务系统各自管理组织的数据，导致数据存在不一致现象，组织未意识到数据管理或数据质量的重要性。

（4）数据管理仅根据项目实施周期进行，无法核算数据维护和管理的成本。

2. 受管理级

组织已经意识到数据是一种资产，根据管理策略的要求制定管理流程，指定相关人员进行初步管理，具体特征如下：

（1）意识到数据的重要性，并制定了部分数据管理规范，设置了相关岗位。

（2）意识到数据质量和数据孤岛是重要的管理问题，但目前尚未找到解决问题的办法。

（3）组织开始进行初步的数据集成工作，尝试整合各业务系统的数据，设计了相关数据模型和管理岗位。

（4）开始对一些重要数据设立文档，并对重要数据安全性和风险性等方面设计了相关管理措施。

3. 稳健级

数据已被视为实现组织绩效目标的重要资产，在组织层面制定了一系列标准化管理流程，促进了数据管理规范化，具体特征如下：

（1）意识到数据的价值，并在组织内部建立了数据管理的规章制度。

（2）数据的管理以及应用能够结合组织的业务战略需求、经营管理需求以及外部监管需求。

（3）建立了相关数据管理组织、管理流程，能够推动组织内各部门按流程开展工作。

（4）组织在日常的决策和业务开展过程中能获取数据支持，明显提升工作效率。

（5）参与行业数据管理相关培训，拥有具备数据管理能力的人员。

4. 量化管理级

数据被认为是获取竞争优势的重要资源，数据管理的效率能够进行量化分析和监控，具体特征如下：

（1）组织层面认识到数据是组织的战略资产，了解数据在流程优化、绩效提升等方面的重要作用，在制定组织业务战略时，可获得相关数据的支持。

（2）在组织层面建立了可量化的评估指标体系，可准确测量数据管理流程的效率，并及时优化。

（3）参与国家、行业等相关标准的制定工作。

（4）组织内部定期开展数据管理、应用相关的培训工作。

（5）在数据管理、应用的过程中，充分借鉴了行业最佳案例以及国家标准、行业标准等外部资源，促进组织本身的数据管理、应用的提升。

5. 优化级

数据被认为是组织生存和发展的基础，相关管理流程能实时优化，能够在行业内进行最佳实践分享，具体特征如下：

（1）组织将数据视为核心竞争力，利用数据创造更多的价值，提高组织的效率。

（2）能主导国家、行业等相关标准的制定工作。

（3）能将组织自身数据管理能力建设的经验作为行业最佳案例进行推广。

（三）能力项成熟度评估

对八个核心能力域及其能力项进行成熟度评估，评估结果可分为 5 个等级，自低向高分别为初始级、受管理级、稳健级、量化管理级和优化级。

1. 数据战略规划

能力等级标准如下。

第 1 级：数据战略规划初始级

在项目建设过程中能够准确地反映数据管理的目标和范围。

第 2 级：数据战略规划受管理级

（1）能够识别与数据战略相关的利益相关者。

（2）能够按照相关的管理流程制定数据战略。

（3）能够维护数据战略和业务战略之间的关联关系。

第 3 级：数据战略规划稳健级

（1）能够制定可以反映整个组织业务发展需求的数据战略。

（2）能够制定数据战略的管理制度和流程，明确利益相关者的职责，并规范数据战略的管理过程。

（3）能够根据组织制定的数据战略提供资源保障。

（4）能够将组织的数据管理战略形成文件，并按组织定义的标准过程进行维护、审查和公告。

（5）能够编制数据战略的优化路线图，以指导数据工作的开展。

（6）能够定期修订已发布的数据战略。

第 4 级：数据战略规划量化管理级

（1）能够对组织数据战略的管理过程进行量化分析，并及时进行优化。

（2）能够量化分析数据战略路线图的落实情况，并持续优化数据战略。

第 5 级：数据战略规划优化级

（1）能够通过有效的数据战略提高企业竞争力。

（2）能够在业界分享最佳实践，成为行业标杆。

2. 数据战略实施

能力等级标准如下。

第 1 级：数据战略实施初始级

在具体项目中能够反映数据管理的任务、优先级安排等内容。

第 2 级：数据战略实施受管理级

（1）能够评估部门或数据职能领域关键数据职能与愿景、目标之间的差距，并结合实际情况进行分析。

（2）在部门或数据职能领域内，能够根据业务因素建立并遵循数据管理项目的优先级。

（3）在部门或数据职能领域内，能够制定数据任务目标，对所有任务进行全面分析，并确定实施方向。

（4）在部门或数据职能领域内，能够建立目标完成情况评估准则，对具体管理任务进行评估。

第 3 级：数据战略实施稳健级

（1）能够针对数据职能任务建立系统完整的评估准则。

（2）能够在组织范围内全面评估实际情况，确定各项数据职能与愿景、目标之间的差距。

（3）能够制定数据战略推进工作报告模板，并定期发布，使利益相关者了解数据战略实施的情况和存在的问题。

（4）能够结合组织业务战略，利用业务价值驱动方法评估数据管理和数据应用工作的优先级，制订实施计划，并提供资源、资金等方面的保障。

（5）能够跟踪评估各项数据任务的实施情况，并结合工作进展调整更新实施计划。

第 4 级：数据战略实施量化管理级

（1）能够运用量化分析的方式，对数据战略进展情况进行分析。

（2）积累了大量数据，以提升数据任务进度规划的准确性。

（3）能够及时安排数据管理工作任务，以满足业务发展的需求，并建立了规范的优先级排序方法。

第 5 级：数据战略实施优化级

能够在业界分享最佳实践，成为行业标杆。

3. 数据战略评估

能力等级标准如下。

第 1 级：数据战略评估初始级

（1）在项目范围内能够建立数据职能项目和活动的业务案例。

（2）能够通过基本的成本—收益分析方法对数据管理项目进行投资预算管理。

第 2 级：数据战略评估受管理级

（1）在单个部门或数据职能领域内，能够根据业务需求建立业务案例和任务效益评估模型。

（2）在单个部门或数据职能领域内，能够建立业务案例的标准决策过程，并明确利益相关者在其中的职责。

（3）在单个部门或数据职能领域内，利益相关者能够参与制定数据管理和数据应用项目的投资模型。

（4）在单个部门或数据职能领域内，能够根据任务效益评估模型对相关的数据任务进行评估。

第 3 级：数据战略评估稳健级

（1）在组织范围内，能够根据标准工作流程和方法建立数据管理和应用的相关业务案例。

（2）能够在组织范围内制定数据任务效益评估模型以及相关的管理办法。

（3）在组织范围内，业务案例的制定能够获得高层管理者、业务部门的支持和参与。

（4）在组织范围内，能够根据成本收益准则对数据职能项目进行优先级安排。

（5）在组织范围内，能够通过任务效益评估模型对数据战略实施任务进行评估和管理，并纳入审计范围。

第 4 级：数据战略评估量化管理级

（1）能够构建专门的数据管理和数据应用 TCO 方法，以衡量评估数据管理实施切入点的变化，并调整资金预算。

（2）能够采用统计方法或其他量化方法，分析数据管理的成本评估标准。

（3）能够采用统计方法或其他量化方法，分析资金预算是否满足组织目标的有效性和准确性。

第 5 级：数据战略评估优化级

（1）能够发布数据管理资金预算蓝皮书。

（2）能够在业界分享最佳实践，成为行业标杆。

4. 数据治理组织

能力等级标准如下。

第 1 级：数据治理组织初始级

（1）能够在具体项目中体现数据管理和数据应用的岗位、角色及职责。

（2）能够依靠个人能力解决数据问题，但未建立专业组织。

第 2 级：数据治理组织受管理级

（1）能够制订与数据相关的培训计划，但尚未制度化。

（2）在单个数据职能域或业务部门，能够设立数据治理兼职或专职岗位，明确岗位职责。

（3）数据治理工作的重要性能够得到管理层认可。

（4）能够明确数据治理岗位在新建项目中的管理职责。

第 3 级：数据治理组织稳健级

（1）管理层能够做到负责数据治理工作相关的决策，参与数据管理的相关工作。

（2）在组织范围内能够明确统一的数据治理归口部门，负责组织并协调各项数据职能工作。

（3）能够做到数据治理人员的岗位职责明确，并在岗位描述中体现。

（4）能够建立数据管理工作的评价标准，并建立对相关人员的奖惩制度。

（5）能够在组织范围内建立并健全数据责任体系，涵盖管理、业务和技术等方面的人员，明确各方在数据管理过程中的职责。

（6）能够在组织范围内推动数据归口管理，确保各类数据都有明确的管理者。

（7）能够定期进行培训和经验分享，提高员工能力。

第 4 级：数据治理组织量化管理级

（1）能够绘制数据工作相关岗位人员的职业晋升路线图，以帮助数据团队人员明确发展目标。

（2）能够建立复合型数据团队，涵盖管理、技术、运营等领域。

（3）能够制定适用于数据工作相关岗位人员的量化绩效评估指标，并公布考核结果，评估相关人员的岗位绩效。

（4）能够落实业务人员的数据管理职责。

第 5 级：数据治理组织优化级

在业界能够分享最佳实践，成为行业标杆。

5. 数据制度建设

能力等级标准如下。

第 1 级：数据制度建设初始级

（1）能够在各个项目中制定适用的数据相关规范或细则。

（2）能够做到数据管理制度的执行由各项目人员自行决定。

第 2 级：数据制度建设受管理级

（1）在部分数据职能框架领域能够制定跨部门的制度管理办法和细则。

（2）能够识别数据制度相关的利益相关者，并了解相关诉求。

（3）能够明确数据制度的相关管理角色，推动数据制度的实施。

（4）能够跟踪制度实施情况，定期修订管理办法，维护版本更新。

（5）能够初步建立防范法律和规章风险的相关制度。

第 3 级：数据制度建设稳健级

（1）能够在组织范围内建立制度框架，并制定数据政策。

（2）能够建立全面的数据管理和数据应用制度、覆盖各数据职能域的管理办法和细则，并以文件形式发布，以保证数据职能工作的规范性和严肃性。

（3）能够建立有效的数据制度管理机制，统一管理流程，用以指导数据制度的修订。

（4）能够根据实施情况持续修订数据制度，保障数据制度的有效性。

（5）能够定期开展数据制度相关的培训和宣贯。

（6）相关人员能够积极参与数据制度的制定，并有效推动业务工作的开展。

（7）数据制度的制定能够参考外部合规、监管方面的要求。

第 4 级：数据制度建设量化管理级

（1）制定数据制度时能够参考行业最佳实践，体现业务发展的需要，推动数据战略的实施。

（2）能够量化评估数据制度的执行情况，优化数据制度的管理过程。

第 5 级：数据制度建设优化级

能够在业界分享最佳实践，成为行业标杆。

6. 数据治理沟通

能力等级标准如下。

第 1 级：数据治理沟通初始级

（1）能够在项目内实施和管理沟通活动。

（2）能够制订部分数据管理和数据应用的沟通计划，但未统一。

第 2 级：数据治理沟通受管理级

（1）在单个数据职能域，能够制订与跨部门的数据管理相关的沟通计划，并在利益相关者之间达成一致，按计划推动活动开展。

（2）能够将数据管理的相关政策和标准纳入沟通范围，并根据反馈进行更新。

（3）能够根据需要在组织内部开展相关培训。

（4）能够根据需要整理数据工作综合报告，汇总各阶段发展情况。

第 3 级：数据治理沟通稳健级

（1）能够建立组织级的沟通机制，明确不同数据管理活动的沟通路径，满足沟通升级或变更管理要求，在组织范围内发布并监督执行。

（2）能够识别数据工作的利益相关者，明确各自诉求，制订并审批相关沟通计划和培训计划。

（3）能够明确组织内部沟通宣贯方式，定期发布组织内外部的发展情况。

（4）能够定期进行与数据相关的培训，提升人员能力。

（5）能够沟通数据管理的相关政策、方法和规范，在组织范围内覆盖大多数数据管理和数据应用相关部门，并根据反馈进行更新。

（6）能够明确数据工作综合报告的内容组成，定期发布组织的数据工作综合报告。

第4级：数据治理沟通量化管理级

（1）能够建立与外部组织的沟通机制，扩大沟通范围。

（2）能够收集并整理行业内外部数据管理相关案例，包括最佳实践和经验总结，并定期发布。

（3）组织人员能够了解数据管理与应用的业务价值，全员认同数据是组织的重要资产。

第5级：数据治理沟通优化级

（1）通过数据治理沟通，能够构建良好的企业数据文化，促进数据在内外部的应用。

（2）能够在业界分享最佳实践，成为行业标杆。

7. 数据模型

能力等级标准如下。

第1级：数据模型初始级

（1）在应用系统层面编制了数据模型开发和管理的规范。

（2）能够根据相关规范指导应用系统数据结构设计。

第2级：数据模型受管理级

（1）能够结合组织管理需求，制定数据模型管理规范。

（2）能够对组织中部分应用系统的数据现状进行梳理，了解当前存在的问题。

（3）能够根据对数据现状的梳理，结合组织业务发展的需要，建立组织级数据模型。

（4）应用系统的建设做到参考组织级数据模型。

第3级：数据模型稳健级

（1）能够对组织中应用系统的数据现状进行全面梳理，了解当前存在的问题并提出解决办法。

（2）能够分析业界已有的数据模型参考架构，学习相关方法和经验。

（3）能够编制组织级数据模型开发规范，指导组织级数据模型的开发和管理。

（4）做到了解组织战略和业务发展方向，分析利益相关者的诉求，掌握组织的数据需求。

（5）能够建立覆盖组织业务经营管理和决策数据需求的组织级数据模型。

（6）能够使用组织级数据模型指导系统应用级数据模型的设计，并设置相应的角色进行管理。

（7）能够建立组织级数据模型和系统级数据模型的映射关系，并根据系统的建设定期更新组织级的数据模型。

（8）能够建立统一的数据资源目录，方便数据的查询和应用。

第 4 级：数据模型量化管理级

（1）能够使用组织级数据模型，指导和规划整个组织应用系统的投资、建设和维护。

（2）能够建立组织级数据模型和系统应用级数据模型的同步更新机制，确保一致性。

（3）能够及时跟踪、预测组织未来和外部监管的需求变化，持续优化组织级数据模型。

第 5 级：数据模型优化级

能够在业界分享最佳实践，成为行业标杆。

8. 数据分布

能力等级标准如下。

第 1 级：数据分布初始级

能够在项目中进行部分数据分布关系管理，如数据和功能的关系、数据和流程的关系等。

第 2 级：数据分布受管理级

（1）能够对应用系统数据现状进行部分梳理，明确需求和存在的问题。

（2）能够建立数据分布关系的管理规范。

（3）能够梳理部分业务数据和流程、组织、系统之间的关系。

（4）业务部门内部做到对关键数据确定权威数据源。

第3级：数据分布稳健级

（1）能够在组织层面制定统一的数据分布关系管理规范，并统一数据分布关系的表现形式和管理流程。

（2）能够全面梳理应用系统数据现状，明确需求和存在的问题，并提出解决办法。

（3）能够明确数据分布关系梳理的目标，形成数据分布关系成果库，其中包含业务数据和流程、组织、系统之间的关系。

（4）组织内的所有数据能够按数据分类进行管理，确定每个数据的权威数据源和合理的数据部署。

（5）能够建立数据分布关系应用和维护机制，并明确管理职责。

第4级：数据分布量化管理级

（1）通过对数据分布关系的梳理，能够量化分析数据相关工作的业务价值。

（2）通过对数据分布关系的梳理，能够优化数据的存储和集成关系。

第5级：数据分布优化级

（1）实现数据分布关系的管理流程可自动优化，提升管理效率。

（2）能够在业界分享最佳实践，成为行业标杆。

9. 数据集成与共享

能力等级标准如下。

第1级：数据集成与共享初始级

（1）应用系统间能够通过离线方式进行数据交换。

（2）各部门间数据孤岛现象明显，拥有的数据相互独立。

第2级：数据集成与共享受管理级

（1）能够建立业务部门内部应用系统间公用数据交换服务规范，促进数据间互联互通。

（2）对内部的数据集成接口进行管理，并建立了复用机制。

（3）能够搭建适用于部门级的结构化和非结构化数据集成平台。

（4）在部门之间实现点对点数据集成。

第3级：数据集成与共享稳健级

（1）能够建立组织级的数据集成共享规范，明确全部数据归属于组织的原则，并统一提供技术工具的支持。

（2）能够建立组织级数据集成和共享平台的管理机制，实现组织内多种类型数据的整合。

（3）能够制定数据集成与共享管理流程，明确各方的职责。

（4）能够通过数据集成和共享平台对组织内部数据进行集中管理，实现统一采集和集中共享。

第4级：数据集成与共享量化管理级

（1）能够采用行业标准或国家标准的交换规范，实现组织内外应用系统间的数据交换。

（2）能够预见性地采用新技术，持续优化和提升数据交换、集成和处理能力。

第5级：数据集成与共享优化级

（1）能够参与行业和国家相关标准的制定。

（2）能够在业界分享最佳实践，成为行业标杆。

10. 元数据管理

能力等级标准如下。

第1级：元数据管理初始级

（1）元模型的定义能够遵循应用系统项目建设需要和工具已有定义。

（2）能够在项目层面生成和维护各类元数据，如业务术语、数据模型、接口定义、数据库结构等。

（3）能够在项目层面收集和实现元数据应用需求，如数据字典查询、业务术语查询等。

第2级：元数据管理受管理级

（1）在特定业务领域，能够对元数据分类并设计每一类元数据的元模型。

（2）元模型设计能够参考国际、国内和行业元模型规范。

（3）能够建立集中的元数据存储库，在特定业务领域统一采集不同来源的元数据。

（4）在特定业务领域能够制定元数据采集和变更流程。

（5）在特定业务领域，能够初步制定元数据应用需求管理的流程，并统筹收集、设计和实现元数据应用需求。

（6）能够实现部分元数据应用，如血缘分析、影响分析等，并初步实现本领域内的元数据共享。

第3级：元数据管理稳健级

（1）能够制定组织级的元数据分类及每一类元数据的范围，并设计相应的元模型。

（2）能够规范和执行组织级元模型变更管理流程，并基于规范流程对元模型进行变更。

（3）能够建立组织级集中的元数据存储库，统一管理多个业务领域及其应用系统的元数据，并制定和执行统一的元数据集成和变更流程。

（4）能够将元数据采集和变更流程与数据生命周期有效融合，在各阶段实现元数据采集和变更管理，使元数据能及时、准确地反映组织真实的数据环境现状。

（5）能够制定和执行统一的元数据应用需求管理流程，实现元数据应用需求统一管理和开发。

（6）能够实现丰富的元数据应用，如基于元数据的开发管理、元数据与应用系统的一致性校验、指标库管理等。

（7）各类元数据内容能够以服务的方式在应用系统之间共享使用。

第4级：元数据管理量化管理级

（1）能够定义并应用量化指标，衡量元数据管理工作的有效性。

（2）能够与外部组织合作开展元模型融合设计和开发。

（3）能够组织与少量外部机构实现元数据采集、共享、交换和应用。

第5级：元数据管理优化级

（1）能够参与国际、国家或行业的元数据管理相关标准制定。

（2）能够参与国际、国家、行业的元数据采集、共享、交换和应用。

（3）能够在业界分享最佳实践，成为行业标杆。

11. 数据分析

能力等级标准如下。

第 1 级：数据分析初始级

（1）能够在项目层面开展常规报表分析和数据接口开发。

（2）能够在系统层面提供数据查询功能，以满足特定范围的数据使用需求。

第 2 级：数据分析受管理级

（1）各业务部门能够根据自身需求制定数据分析应用的管理办法。

（2）各业务部门能够独立进行各自数据分析应用的建设。

（3）能够采用点对点的方式对跨部门的数据需求进行管理。

（4）数据分析结果的应用局限于部门内部，跨部门的共享大部分是以线下的方式进行。

第 3 级：数据分析稳健级

（1）能够在组织级层面搭建统一报表平台，整合报表资源，支持跨部门及部门内部的常规报表分析和数据接口开发。

（2）能够在组织内部制定统一的数据分析应用的管理办法，指导各部门数据分析应用的建设。

（3）能够组建专门的数据分析团队，快速支撑各部门的数据分析需求。

（4）能够遵循统一的数据溯源方式来进行数据资源的协调。

（5）数据分析结果能在各个部门之间进行复用，数据分析口径定义明确。

第 4 级：数据分析量化管理级

（1）能够建立常用数据分析模型库，支持业务人员快速进行数据探索和分析。

（2）能够量化评价数据分析效果，实现数据应用的量化分析。

（3）数据分析能够有力支持业务应用和运营管理。

第 5 级：数据分析优化级

（1）能够推动自身技术创新。

（2）能够在业界分享最佳实践，成为行业标杆。

12. 数据开放共享

能力等级标准如下。

第 1 级：数据开放共享初始级

（1）能够按照数据需求进行点对点的数据开放共享。

（2）对外共享的数据分散在各个应用系统中，没有统一的组织。

第 2 级：数据开放共享受管理级

（1）能够在部门层面制定数据开放共享策略，用以指导本部门数据的开放和共享。

（2）能够建立部门级的数据开放共享流程，审核数据开放共享需求的合理性，并确保对外数据质量。

（3）能够对部门内部的数据进行统一整理，实现集中的对外共享。

第 3 级：数据开放共享稳健级

（1）能够在组织层面制定开放共享数据目录，方便外部用户浏览、查询已开放和共享的数据。

（2）能够在组织层面制定统一的数据开放共享策略，包括安全、质量、组织和流程，用以指导组织的数据开放和共享。

（3）能够根据需要有计划地修改开放共享数据记录，开放和共享相关数据。

（4）能够对开放共享数据实现统一管理，规范数据口径，实现集中开放共享。

第 4 级：数据开放共享量化管理级

（1）能够定期评审开放共享数据的安全和质量，消除相关风险。

（2）能够及时了解开放共享数据的利用情况，并根据数据开放共享过程中外部用户反馈的问题，提出改进措施。

第 5 级：数据开放共享优化级

（1）能够通过数据开放共享创造更大的社会价值，同时促进组织竞争力的提升。

（2）能够在业界分享最佳实践，成为行业标杆。

13. 数据服务

能力等级标准如下。

第 1 级：数据服务初始级

（1）能够根据外部用户的请求进行针对性的数据服务定制开发。

（2）实现数据服务分散在组织内的各个部门。

第 2 级：数据服务受管理级

（1）能够统一要求数据服务的表现形式。

（2）能够在组织层面明确数据服务安全、质量、监控等要求。

（3）能够在组织层面制定与数据服务管理相关的流程和策略，指导各部门规范化管理。

第 3 级：数据服务稳健级

（1）能够在组织层面制定数据服务目录，方便外部用户浏览、查询已具备的数据服务。

（2）具有数据服务状态监控、统计和管理功能。

（3）能够进一步细化数据服务安全、质量、监控等方面的要求，建立企业级的数据服务管理制度。

（4）能够有意识响应外部的市场需求，积极探索对外数据服务的模式，主动提供数据服务。

第 4 级：数据服务量化管理级

（1）能够与外部相关方合作，共同探索、开发数据产品，形成数据服务产业链。

（2）能够通过数据服务提升组织的竞争力，并实现数据价值。

（3）能够对数据服务的效益进行量化评估，量化投入产出比。

第 5 级：数据服务优化级

能够在业界分享最佳实践，成为行业标杆。

14. 数据安全策略

能力等级标准如下。

第 1 级：数据安全策略初始级

在项目中设置数据安全标准与策略，并在文档中进行了描述。

第 2 级：数据安全策略受管理级

（1）业务部门内部建立数据安全标准、管理策略和管理流程。

（2）业务部门内部识别数据安全利益相关者。

（3）业务部门内部数据安全标准与策略的建立能遵循合理的管理流程。

第 3 级：数据安全策略稳健级

（1）建立组织统一的数据安全标准以及策略并正式发布。

（2）规范组织数据安全标准与策略相关的管理流程，并以此指导数据安全标准和策略的制定。

（3）数据安全标准与策略制定过程中能识别组织内外部的数据安全需求，包括外部监管和法律的需求。

（4）规范数据安全利益相关者在数据安全管理过程中的职责。

（5）定期开展数据安全标准和策略相关的培训和宣贯。

第 4 级：数据安全策略量化管理级

（1）数据安全标准和策略的制定符合国家标准或行业标准的相关规定。

（2）梳理和明确组织关于安全方面的需求，并与组织的数据安全标准和策略进行了关联。

（3）能够根据内外部环境的变化定期优化数据安全标准与策略。

第 5 级：数据安全策略优化级

（1）参与数据安全相关国家标准的制定。

（2）在业界分享最佳实践，成为行业标杆。

15. 数据安全管理

能力等级标准如下。

第 1 级：数据安全管理初始级

（1）能够在项目中进行数据访问授权和数据安全监控。

（2）能够对出现的数据安全问题进行分析和管理。

第 2 级：数据安全管理受管理级

（1）在业务部门内部，能够依据数据安全标准对数据进行安全等级划分。

（2）在业务部门内部，能够识别数据利益相关者的需求，并进行数据访问授权和数据安全保护。

（3）在业务部门内部，能够对数据访问、使用等方面进行监控。

（4）在业务部门内部，能够对潜在数据安全风险进行分析，并制定预防措施。

第 3 级：数据安全管理稳健级

（1）能够对数据进行全面的安全等级划分，并明确每级数据的安全需求，明确安全需求的责任部门。

（2）根据外部监管明确数据范围，能够明确外部监管对数据的安全需求。

（3）能够围绕数据生命周期，了解组织内利益相关者的数据安全需求，并对数据进行安全授权和安全保护。

（4）能够对数据生命周期进行安全监控，及时发现数据安全隐患。

（5）对于不同的数据使用对象，能够通过数据脱敏、加密、过滤等技术保证数据的隐私性。

（6）能够定期开展数据安全风险分析活动，明确分析要点，制定风险预防方案并监督实施。

（7）能够定期汇总和分析组织内部的数据安全问题，并建立数据安全知识库。

（8）新的项目建设中能够按照数据安全要求进行数据安全等级划分、数据安全控制等。

（9）能够定期进行数据安全相关培训和宣贯，增强组织人员数据安全意识。

第 4 级：数据安全管理量化管理级

（1）能够明确数据安全管理的考核指标和考核办法，并定期进行相关考核。

（2）能够定期总结数据安全管理工作，并在组织层面发布报告。

（3）重点数据的安全控制能够落实到字段级，明确核心字段的安全等级和管控措施。

第 5 级：数据安全管理优化级

（1）能够主动预防数据安全风险，并对已出现的问题进行溯源和分析。

（2）能够在业界分享最佳实践，成为行业标杆。

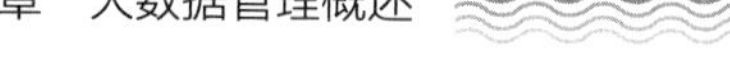

16. 数据安全审计

能力等级标准如下。

第1级：数据安全审计初始级

（1）实现与组织信息化安全审计合并进行，没有独立的数据安全审计。

（2）能够根据外部或监管的需要进行审计。

第2级：数据安全审计受管理级

（1）能够检查数据安全管理标准与策略是否满足各业务部门数据安全管理的需要。

（2）能够评估数据安全管理的措施是否按照数据安全管理标准与策略的要求进行。

（3）能够规范数据安全审计的流程和相关文档模板。

第3级：数据安全审计稳健级

（1）能够在组织层面统一数据安全审计的流程、相关文档模板和规范，并征求了利益相关者的意见。

（2）能够制订数据安全审计计划，可定期开展数据安全审计工作。

（3）能够评审数据安全标准与策略对业务、外部监管的需求。

（4）能够评审数据安全管理岗位、职责、流程的设置和执行情况。

（5）能够评审组织数据安全等级的划分情况。

（6）能够评审新项目开展过程中的数据安全管理工作情况。

（7）能够定期发布数据安全审计报告。

第4级：数据安全审计量化管理级

（1）能够实现内部审计和外部审计相结合，协同推动数据安全工作的开展。

（2）数据安全审计报告能够包括数据安全对业务、经济的影响，并分析影响数据安全的根本原因，提出数据安全管理工作的改进建议。

（3）数据安全的管理流程、制度能够根据数据安全审计进行优化，实现数据安全管理的闭环。

第5级：数据安全审计优化级

（1）数据安全审计作为组织审计工作的重要组成，能够推动数据安全标准和策略的优化及实施。

（2）能够在业界分享最佳实践，成为行业标杆。

17. 数据质量需求

能力等级标准如下。

第1级：数据质量需求初始级

在项目中能够分析数据质量的管理需求，并进行相关的管理。

第2级：数据质量需求受管理级

（1）能够制定数据质量需求相关模板，明确相关管理规范。

（2）能够在组织或业务部门中识别关键数据的质量需求。

（3）能够设计满足本业务部门需求的数据质量评价指标，并建立数据质量规则库。

第3级：数据质量需求稳健级

（1）能够明确组织层面的数据质量目标，统一数据质量需求相关模板和管理机制。

（2）能够建立数据认责机制，明确各类数据管理人员以及相关职责，明确各类数据的优先级和质量管理需求。

（3）数据质量目标的制定能够考虑外部监管和合规方面的要求。

（4）能够设计组织统一的数据质量评价体系和相应的规则库。

（5）能够明确新建项目中数据质量需求的管理制度，统一管理权限。

第4级：数据质量需求量化管理级

（1）数据质量需求能够满足业务管理的需要，并融入数据生命周期管理的各个阶段。

（2）制定的数据质量评价指标体系能够参考国家、行业相关标准。

（3）能够量化衡量数据质量规则库运行的有效性，并持续优化数据质量规则库。

第5级：数据质量需求优化级

能够在业界分享最佳实践，成为行业标杆。

18. 数据质量检查

能力等级标准如下。

第 1 级：数据质量检查初始级

能够基于出现的数据问题开展数据质量检查工作。

第 2 级：数据质量检查受管理级

（1）能够明确数据质量检查方面的管理制度和流程，并明确数据质量检查的主要内容和方式。

（2）业务部门能够根据需要进行数据质量剖析和校验。

（3）在各新建项目的设计和实施过程中能够参考数据质量规则的要求。

第 3 级：数据质量检查稳健级

（1）能够明确组织级统一的数据质量检查制度、流程和工具，确定相关人员的职责。

（2）能够根据组织内外部的需要，制订组织级的数据质量检查计划。

（3）能够在组织层面统一开展数据质量校验，帮助数据管理人员及时发现数据质量问题。

（4）能够在组织层面建立数据质量问题的发现和告警机制，并指定相应的数据质量责任人员。

（5）能够建立数据质量相关考核制度，明确数据质量责任人员考核的范围和目标。

（6）能够明确新建项目各个阶段数据质量的检查点和检查模板，强化新建项目数据质量检查的管理。

第 4 级：数据质量检查量化管理级

（1）能够定义并应用量化指标，对数据质量检查和问题处理过程进行有效分析，及时对相关制度和流程进行优化。

（2）数据质量管理能够纳入业务人员日常管理工作中，主动发现并解决相关问题。

第 5 级：数据质量检查优化级

能够在业界分享最佳实践，成为行业标杆。

19. 数据质量分析

能力等级标准如下。

第1级：数据质量分析初始级

能够基于出现的数据质量问题进行分析和评估。

第2级：数据质量分析受管理级

（1）在部分业务部门能够建立数据质量问题评估分析方法，并制定数据质量报告模板。

（2）能够对数据质量问题进行分析，明确其原因和影响。

（3）能够在部分业务部门编制数据质量报告。

第3级：数据质量分析稳健级

（1）能够明确组织层面的数据质量问题评估分析方法，并制定统一的数据质量报告模板，明确数据质量问题分析的要求。

（2）能够制订数据质量问题分析计划，并定期进行数据质量问题分析。

（3）能够对关键数据质量问题的根本原因和影响范围进行分析。

（4）能够组织定期编制数据质量报告，并发送至利益相关者进行审阅。

（5）能够建立数据质量分析案例库，提升组织人员对数据质量的关注度。

（6）能够对产生的信息进行知识总结，建立数据质量知识库。

第4级：数据质量分析量化管理级

（1）能够建立数据质量问题的经济效益评估模型，分析数据质量问题的经济影响。

（2）能够通过数据质量分析报告及时发现潜在的数据质量风险，从而预防数据质量问题的发生。

（3）能够持续优化数据质量知识库。

第5级：数据质量分析优化级

（1）能够通过数据质量分析增强员工数据质量的意识，形成良好的数据质量文化。

（2）能够在业界分享最佳实践，成为行业标杆。

20. 数据质量提升

能力等级标准如下。

第 1 级：数据质量提升初始级

能够对业务部门或应用系统中出现的数据问题进行数据质量校正。

第 2 级：数据质量提升受管理级

（1）能够制定数据质量问题提升的管理制度，指导数据质量提升工作。

（2）能够明确数据质量提升的利益相关者及其职责。

（3）能够批量进行数据质量问题更正，建立数据质量跟踪记录。

（4）能够根据数据质量问题的分析，制定并实施数据质量问题预防方案。

第 3 级：数据质量提升稳健级

（1）能够建立组织层面的数据质量提升管理制度，明确数据质量提升方案的构成。

（2）能够结合利益相关者的诉求，制订数据质量提升工作计划并监督执行。

（3）能够定期开展数据质量提升工作，对重点问题进行汇总分析，制定数据质量提升方案，从业务流程优化、系统改进、制度和标准完善等层面进行提升。

（4）能够明确数据质量问题责任人，及时处理出现的问题，并提出相关建议。

（5）能够持续开展培训和宣贯，营造组织数据质量文化氛围。

第 4 级：数据质量提升量化管理级

（1）组织中的管理人员、技术人员和业务人员能够协同推动数据质量提升工作。

（2）能够通过量化分析的方法对数据质量提升过程进行评估，并对管理过程和方法进行优化。

第 5 级：数据质量提升优化级

（1）能够开展数据质量提升工作，避免相关问题的发生，形成良性循环。

（2）能够在业界分享最佳实践，成为行业标杆。

21. 业务术语

能力等级标准如下。

第 1 级：业务术语初始级

（1）能够定义项目级的业务术语。

（2）能够在项目级数据模型的创建过程中使用已定义的业务术语。

第 2 级：业务术语受管理级

（1）能够规范部分业务术语管理流程，并在业务术语定义、管理、使用和维护的过程中应用。

（2）能够制定业务术语标准，以保证业务术语定义的一致性。

（3）能够定期复审和修订业务术语标准。

（4）能够建立项目建设过程中业务术语应用的检查机制。

第 3 级：业务术语稳健级

（1）能够创建并应用组织级的业务术语标准。

（2）能够创建组织级的业务术语索引。

（3）能够在组织内明确业务术语发布的渠道，并提供浏览和查询功能。

（4）组织的业务术语能够普遍应用于数据相关项目建设的过程中。

（5）能够通过数据治理建立业务术语应用和变更的检查机制。

（6）能够定期进行业务术语的宣贯和推广。

第 4 级：业务术语量化管理级

（1）能够建立 KPI 分析指标，监控业务术语管理过程的效率，并定期优化管理流程。

（2）业务术语的定义能够引用国家标准、行业标准。

第 5 级：业务术语优化级

（1）能够参加行业、国家业务术语标准的制定。

（2）能够在业界分享最佳实践，成为行业标杆。

22. 参考数据和主数据

能力等级标准如下。

第 1 级：参考数据和主数据初始级

（1）能够在项目级确认参考数据和主数据的范围。

（2）参考数据和主数据能够与部分应用系统进行集成。

第 2 级：参考数据和主数据受管理级

（1）能够识别参考数据和主数据的数据源。

（2）能够制定参考数据和主数据的数据标准，整合并描述部分参考数据和主数据的属性。

（3）能够制定参考数据和主数据的管理规范。

第 3 级：参考数据和主数据稳健级

（1）能够实现组织级的参考数据和主数据的统一管理。

（2）能够定义组织内部各参考数据和主数据的数据标准，并在组织内部发布。

（3）能够确保各应用系统中的参考数据和主数据与组织级的参考数据和主数据保持一致。

（4）能够明确各类参考数据和主数据的管理部门职责，并制定各类数据的管理规则。

（5）能够规范参考数据和主数据的管理流程，以确保参考数据和主数据在各方面得到有效应用。

（6）在新建项目的过程中，能够统一分析项目与组织内部已有参考数据和主数据的数据集成问题。

（7）能够分析、跟踪各应用系统中参考数据和主数据的数据质量问题，并推动数据质量问题的解决。

第 4 级：参考数据和主数据量化管理级

（1）能够制定各部门的参考数据和主数据管理考核体系。

（2）能够定期生成并发布参考数据和主数据管理的考核报告。

（3）能够优化参考数据和主数据的管理规范和管理流程。

第 5 级：参考数据和主数据优化级

（1）能够建立参考数据和主数据管理的最佳实践资源库。

（2）能够在业界分享最佳实践，成为行业标杆。

23. 数据元

能力等级标准如下。

第 1 级：数据元初始级

（1）能够在项目文档中记录数据元的描述信息。

（2）能够在项目数据模型建模的过程中应用数据元。

第2级：数据元受管理级

（1）能够在业务部门内统一记录公共数据元信息。

（2）能够在业务部门内建立数据元识别方法，进行数据元的识别和创建。

（3）能够在业务部门内建立数据元管理和应用的流程。

（4）能够在新项目建设过程中建立数据元应用情况的检查机制。

第3级：数据元稳健级

（1）能够建立组织内部数据元管理规范，规范数据元的管理流程。

（2）能够依据国家标准和行业标准对组织内部的数据元标准进行优化。

（3）能够建立组织级的数据元目录，提供统一的查询方法。

（4）能够保证数据元标准与相关业务术语、参考数据等保持一致。

（5）能够定期组织数据元应用的相关培训。

（6）能够建立数据元的应用机制，并进行应用偏差分析。

（7）能够对数据元相关的问题进行处理。

第4级：数据元量化管理级

（1）能够发布数据元管理报告，并汇总数据元管理工作的进展。

（2）能够制定各部门数据元的考核体系，并生成数据元管理考核报告。

（3）能够根据数据元管理过程的监控和分析，优化数据元的管理规则和管理流程，定期更新数据元信息。

第5级：数据元优化级

（1）能够参与国家标准或行业标准的制定。

（2）能够在业界分享最佳实践，成为行业标杆。

24. 指标数据

能力等级标准如下。

第1级：指标数据初始级

（1）能够在项目中定义指标分析数据，并在文档中进行描述。

（2）项目组人员能够直接管理指标数据的增减、变更等需求，维护文档变更。

第 2 级：指标数据受管理级

（1）能够在业务部门内部初步汇总当前的指标数据，形成指标数据手册。

（2）能够在业务部门内部统一指标数据标准和管理规则。

（3）能够在业务部门内部指定指标数据管理人员，以实现指标的统一管理。

（4）能够建立指标数据管理流程，管理指标数据的增减、变更等。

第 3 级：指标数据稳健级

（1）能够根据组织的业务战略和外部监管需求建立统一的指标框架。

（2）能够在组织层面建立指标数据标准，其中包括指标维度、公式、口径、描述等。

（3）能够对各部门的指标进行统一汇总、形成组织层面的指标数据字典并发布。

（4）能够明确各类指标数据的归口管理部门。

（5）能够规范组织层面的指标数据管理流程，明确指标数据的质量、安全等管理需求。

（6）能够对指标数据相关的问题进行处理。

第 4 级：指标数据量化管理级

（1）能够定期发布指标数据管理报告，阶段性地汇总指标数据管理工作的进展。

（2）能够制定各部门指标数据的考核体系，并定期生成指标数据管理考核报告。

（3）能够应用量化分析的方法对指标数据的管理过程进行考核。

第 5 级：指标数据优化级

（1）能够通过明确界定指标数据的含义凸显数据价值。

（2）能够在业界分享最佳实践，成为行业标杆。

25. 数据需求

能力等级标准如下。

第 1 级：数据需求初始级

（1）在项目层面，能够满足相关方评审和审批数据需求。

（2）在项目层面，能够创建收集、记录、评估、验证数据需求并确定优先级的方法，确保数据需求与业务目标的一致性。

第 2 级：数据需求受管理级

（1）业务部门能够建立数据需求管理制度。

（2）数据需求管理能够依托信息化项目管理流程运行。

（3）能够管理和维护数据需求与业务流程、数据模型之间的匹配关系。

（4）各业务部门能够自行开展数据溯源的工作。

第 3 级：数据需求稳健级

（1）能够建立组织级的数据需求收集、验证和汇总的标准流程，并遵循该流程。

（2）数据需求管理流程与信息化项目管理流程能够做到协调一致。

（3）能够根据业务、管理等方面的要求确定数据需求的优先级。

（4）能够明确数据需求管理的模板和数据需求描述的内容。

（5）能够评审数据需求、数据标准和数据架构之间的一致性，并对数据标准和数据架构等内容进行完善。

（6）能够记录产生数据的业务流程，并管理和维护业务流程与数据需求的匹配关系。

（7）能够集中处理各部门的数据需求，并统一开展数据寻源的工作。

第 4 级：数据需求量化管理级

（1）能够定义并应用量化指标，衡量数据需求类型、需求数量以及需求管理流程的有效性。

（2）能够对数据需求管理流程进行持续改善。

（3）能够覆盖外部商业机构对本组织的数据需求，促进基于数据的商业模式创新。

第 5 级：数据需求优化级

能够在业界分享最佳实践，成为行业标杆。

26. 数据设计和开发

能力等级标准如下。

第 1 级：数据设计和开发初始级

能够在项目层面设计、实施数据解决方案，并根据项目要求进行管理。

第 2 级：数据设计和开发受管理级

（1）单个业务部门能够建立数据设计和开发的流程。

（2）单个业务部门能够建立数据解决方案设计和开发规范，指导和约束数据设计和开发工作。

（3）能够制定数据解决方案设计的质量标准，并遵从该标准。

（4）数据解决方案设计和开发过程中能够加强数据架构和标准方向的应用。

（5）各业务部门能够根据需要开展数据准备工作。

第 3 级：数据设计和开发稳健级

（1）能够建立组织级数据设计和开发标准流程。

（2）能够建立组织级数据解决方案设计、开发规范，并指导约束各类数据的设计和开发。

（3）能够建立组织级数据解决方案的质量标准和安全标准，并确保其得到执行。

（4）确保应用级数据解决方案与组织级数据架构、数据标准、数据质量等协调一致。

（5）数据解决方案设计和开发过程中能够参考权威数据源的设计，优化数据集成关系并进行评审。

（6）能够明确数据供需双方职责，并统一开展数据准备工作。

第 4 级：数据设计和开发量化管理级

（1）能够参考、评估并采用数据设计和开发的行业最佳实践。

（2）能够定义并应用量化指标，衡量数据设计和开发流程的有效性。

（3）能够组织对数据设计与开发流程采取持续的改善措施。

第 5 级：数据设计和开发优化级

（1）数据设计与开发能够支撑数据战略的落地，并有效促进数据的应用。

（2）能够在业界分享最佳实践，成为行业标杆。

27. 数据运维

能力等级标准如下。

第 1 级：数据运维初始级

各项目能够分别开展数据运维工作，跟踪数据的运行状态，并处理日常问题。

第 2 级：数据运维受管理级

（1）针对某类或某些数据，能够确定多个备选提供方，并建立选择数据提供方的依据和标准。

（2）在某个业务领域能够建立数据提供方管理流程，包括数据溯源、职责分工与协同工作等机制，并得到遵循。

（3）在某个业务领域能够创建数据运维管理规范，并指导相关工作的开展。

（4）在某个业务领域能够对数据需求变更进行管理。

第 3 级：数据运维稳健级

（1）能够建立组织级数据提供方管理流程和标准。

（2）能够建立组织级的数据运维方案和流程。

（3）数据运维解决方案能够与组织级数据架构、数据标准、数据质量等协调一致。

（4）能够建立数据需求变更管理流程，用于对组织中的需求变更进行管理。

（5）能够定期编制数据运维管理工作报告，并在组织内发布。

第 4 级：数据运维量化管理级

（1）能够参考、评估并采用数据运维的行业最佳实践。

（2）能够定义并应用量化指标，以衡量数据提供方绩效和数据运维方案运行有效性。

（3）能够组织对数据运维流程进行持续改善。

第 5 级：数据运维优化级

（1）能够参与制定国际、国家、行业的数据运维相关标准。

（2）能够在业界分享最佳实践，成为行业标杆。

28. 数据退役

能力等级标准如下。

第 1 级：数据退役初始级

能够在项目层面开展数据退役管理，包括收集数据保留和销毁的内外部需求，设

计并执行方案。

第 2 级：数据退役受管理级

（1）能够制定数据退役标准并执行。

（2）能够统一归档和备份组织内部数据。

（3）能够在需要归档数据查询时进行数据恢复。

（4）能够对数据退役和清除请求进行审批。

第 3 级：数据退役稳健级

（1）能够全面收集组织内部业务部门和外部监管部门的数据退役需求。

（2）能够根据组织利益相关者的需求，制定组织层面统一的数据退役标准。

（3）能够对不同数据建立符合需求的数据保留和销毁策略。

（4）能够制定数据退役标准，并定期检查退役数据的状态。

（5）能够对数据恢复请求进行审批，并在相关人员同意后进行数据的恢复和查询。

（6）能够根据数据优先级确定不同的存储设备。

第 4 级：数据退役量化管理级

（1）能够参考、评估并采用数据退役的行业最佳实践。

（2）能够定义并应用量化指标，用于衡量数据退役管理的运行有效性和经济性。

（3）能够组织对数据退役流程进行持续改善。

第 5 级：数据退役优化级

（1）数据退役能够提升数据访问性能、降低数据存储成本，并保证数据的安全。

（2）能够在业界分享最佳实践，成为行业标杆。

二、数据管理能力成熟度评估过程

数据管理能力成熟度评估过程需要制订计划，评估的目的是揭示组织当前的优劣势，解决问题和改进属于下一阶段的工作。为了更好地进行确认和反馈，在证据的支持下达成共识，应向业务管理、数据管理、应用管理和技术管理人员征求意见。评估的证据应来自对各类工作和组件的检查、访谈、问卷等，或者多种方式的组合。

评估过程包括规划评估活动，执行成熟度评估，解释结果及建议，制订有针对性的改进计划，重新评估成熟度。

（一）规划评估活动

评估计划应确定总体方法，并与相关人员进行沟通，确保他们认可并参与到评估工作中。

1. 定义目标

明确评估的目标和影响范围，并与管理层达成一致，确保评估与组织的战略方向相符。

2. 选择框架

考虑使用较为全面科学的 DCMM 模型作为评估框架，同时要根据组织的具体情况和评估目标进行审查和确认，必要时可以对 DCMM 模型进行裁剪或增补。

3. 定义范围

虽然 DCMM 模型的设计初衷是适用于我国所有的组织，但在具体实践中，想要在整个组织范围内实施往往是不切实际的。尤其是针对第一次评估，应确认一个可控的范围，例如单个业务领域或者项目。所选择的范围应是该组织中的重点或具有较高价值的，对应的关键业务流程会对整个组织的资产产生较大影响。

4. 定义交互方法

根据组织的价值观、文化和工作氛围，选择适合的交互方法，减少参与者的时间投入，确保参与者清楚了解评估过程，并使评估能够顺利进行。

5. 制订沟通计划

评估开始前，应将管理层对评估的期望告知参与者，涵盖以下内容：

（1）数据管理能力成熟度评估的目的。

（2）评估会如何进行。

（3）参与者分别参与的是哪些部分。

（4）评估活动的时间表。

同时，明确处理可能出现的评估阻力、合作因素、合规问题、人力资源问题等。

（二）执行成熟度评估

1. 收集信息

收集的信息应包括访谈和问卷的结果、系统分析、数据调查、设计文档、程序手册、标准、工作流程、组织架构、模板、表单等。如果之前进行过评估，还应收集以往的评估成果。

2. 执行评估

评估任务和解释工作往往是迭代进行的。在证据支撑下，通过评审组织或评审团队进行打分，以达成对当前状态的一致意见。参与者可能对评估主题产生不同的评级意见，应通过反馈和反复讨论来达成一致意见。具体过程如下：

（1）审查评级方法，并为每个活动给出初步评级。

（2）记录支持评级的证据。

（3）同参与者进行讨论，以确定每个能力领域的最终评级，在适当情况下，可以根据每个功能项的重要性使用不同的权重。

（4）记录关于模型标准的说明和评审人员的解释，作为评级的说明。

（5）使用可视化工具更好地展示说明评估结果。

（三）解释结果及建议

解释评估结果时，应从组织进行评估的意义开始，可以与组织的愿景、使命、价值观、文化、业务目标等驱动因素联系起来，如增加销售额、提高客户满意度等。

1. 评估报告

评估报告应包括以下内容：

（1）评估的业务驱动因素。

（2）评估的总结结果。

（3）按功能域和功能项分类的评级及其差距。

（4）弥补差距的建议方案。

（5）评估过程中发现的组织优势。

（6）进行改进的风险。

（7）优化成果和提升价值。

（8）衡量改进的指标。

（9）可在组织内重复利用的组件和工具。

2. 管理层简报

准备管理层简报，以总结评估结果，包括优势、差距和建议。简报应充分利用可视化工具或大数据分析套件，直观且有重点地展示关键差距。管理层往往希望改进工作能高于评估给出的建议，但需要付出更多成本，并进行权衡。

（四）制订有针对性的改进计划

DCMM 的评估结果应足够详细和全面，能支持长期的数据管理改进计划，并包含该组织目前所进行或准备进行的最佳实践。改进计划包括以下内容：

（1）对特定数据管理功能域进行改进。

（2）实施改进活动的时间表。

（3）完成改进活动后的预期评级改善结果。

（4）进行必要的监控。

（五）重新评估成熟度

定期进行重新评估，这是戴明循环持续改进的一部分。具体过程包括以下内容：

（1）通过第一次评估建立基线。

（2）定义重新评估的输入参数。

（3）根据时间表进行重复评估。

（4）跟踪各功能域的变化趋势。

（5）根据重新评估的结果提出改进建议。

三、企业数据管理实施与改进

随着企业业务的快速发展，数据已经成为企业的重要资产，而数据管理能力也成了企业核心竞争力的重要组成部分。数据管理能力成熟度评估实施与改进是一种有效

的手段，可以帮助企业了解自身的数据管理现状，发现存在的问题，并提出可行的改进方案。

（一）数据管理能力成熟度评估目标与定义

数据管理能力成熟度评估的实施目标是了解企业在数据管理方面的现状和问题，识别企业的短板和瓶颈，提出有针对性的改进措施，提高企业的数据管理能力。

该评估的定义包括以下几个方面。

（1）数据战略。评估企业数据战略的清晰度和可行性、企业数据战略的执行效果、企业数据战略对企业的影响。

（2）数据治理。评估企业是否制定统一的数据管理规则和标准，是否设置专门的数据管理机构和人员，以及数据管理效果和效率等。

（3）数据架构。评估企业数据架构的完整性和合理性、企业数据架构的灵活性和可扩展性、企业数据架构的可维护性和可管理性。

（4）数据质量。评估数据的准确性、完整性、一致性和及时性等方面，以及企业是否采取有效的数据清洗、整理和校验等措施。

（5）数据应用。评估企业是否充分利用数据进行业务分析和决策，以及数据的共享和应用效果等。

（6）数据安全。评估企业是否建立完善的数据安全管理制度和机制，是否严格控制数据的访问和使用，以及数据的备份和恢复能力等。

（7）数据标准。评估企业数据标准的完整性和规范性、企业数据标准执行情况、企业数据标准对企业的影响。

（8）数据生命周期。评估企业数据生命周期的流程规范性、企业数据生命周期的效率和创新性、企业数据生命周期的安全性和合规性。

（二）数据管理能力成熟度评估工具

数据管理能力成熟度评估工具是评估企业数据管理能力成熟度的工具，可以帮助企业了解自身数据管理能力的现状和问题，找到与最佳实践之间的差距，为企业未来数据管理的优化提供指导。

（1）数据管理能力成熟度框架。成熟度评估中使用的主要工具是DMM框架本身。

（2）沟通计划。沟通计划包括利益相关方的参与模式、要共享的信息类型和时间表等。

（3）协作工具。协作工具允许共享评估结果，此外，数据管理实践的证据可以在电子邮件、完整的模板和评审文档中找到，评审文档是通过协作设计、操作、事件跟踪、审查和批准的标准流程产生的。

（4）知识管理和元数据存储库。可以在这些存储库中管理数据标准、策略、方法、议程、会议记录或决策，以及用作实践证明的业务和技术组件。在一些能力成熟度模型中，缺少这样的存储库是组织成熟度较低的一个度量指标。元数据存储库可以存在于多个构件中，这对参与者来说可能不是那么明显。例如，一些商务智能应用程序完全依赖元数据编译视图和报告，而不是将其作为单独的存储库。

（三）开展数据管理能力成熟度评估前的准备

开展数据管理能力成熟度评估前需要做以下准备工作。

第1步是梳理利益相关者并确定内部支持者，即提倡数据管理的人。

第2步是为上述每个利益相关者创建一套详细的调查问卷。对于每个问题，应找到有关当前和未来状态的答案。

其中最重要的是找到弱点或不成熟之处，并制订切实的计划。要了解企业当前所处的位置，并根据现状规划未来发展路线图。

数据管理的本质是获得战略和战术上应对业务挑战的能力，在紧急情况下立即作出响应，并确保通过信息共享协调组织响应。

（四）数据管理能力成熟度评估流程

数据管理能力成熟度评估流程分为项目启动、培训宣贯、评估执行和总结分析四个阶段，如图3-22所示。

（1）项目启动阶段。项目启动阶段的主要工作是了解企业自身的发展情况，建立评估团队，制订评估计划，并召开项目启动会。项目启动阶段是明确项目目标、范围的阶段，对推动整体评估工作顺利开展具有重要意义。

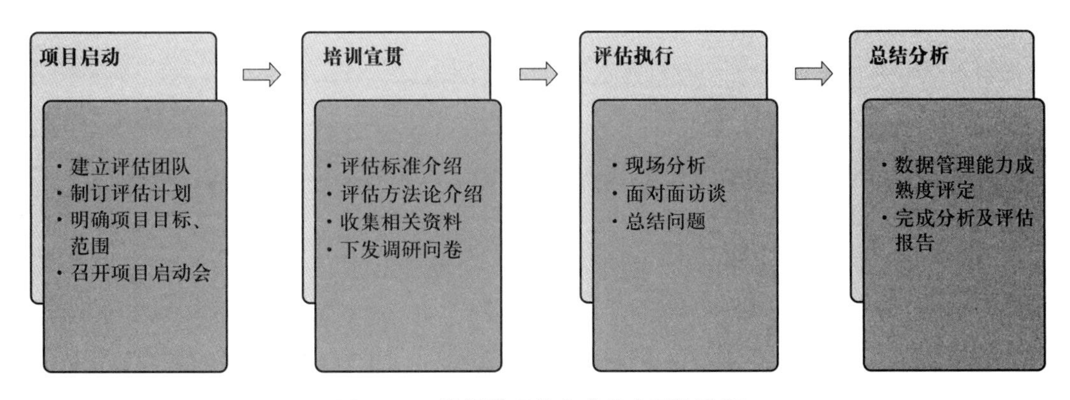

图 3–22　数据管理能力成熟度评估流程

（2）培训宣贯阶段。培训宣贯阶段的主要工作是进行标准介绍，帮助评估人员了解标准的组成、评估的方法和过程、评估的重点等，并且可以指导相关人员开展自我评估。

（3）评估执行阶段。评估执行阶段的主要工作是根据自评的情况，了解相关资料后，评估人员在现场对数据管理能力评估模型中的各方面进行评分，主要方式包括现场分析、面对面访谈等。

（4）总结分析阶段。总结分析阶段的主要工作是根据对企业数据管理现状的了解，完成数据管理能力成熟度等级分析及评估报告。

（五）数据管理能力成熟度评估改进

数据管理能力成熟度评估改进可以从以下几个方面进行。

（1）建立数据管理组织架构和规章制度。企业需要建立完善的组织架构和规章制度，包括数据管理委员会、数据管理员、数据安全员等，明确各自的职责和权限，确保数据管理的规范性和安全性。

（2）加强数据治理和管理。企业需要规范数据治理和管理流程，包括数据质量管理、数据安全管理和数据资产管理等，确保数据的合规性、准确性和完整性。

（3）提升技术能力。企业需要加强技术能力建设，包括全业务统一数据中心建设、数据资产管理平台建设等，提高数据处理效率，降低成本并创造业务价值。

（4）强化人才队伍建设。企业需要加强人才队伍建设，包括引进和培养数据管理专业人才、建立人才激励机制等，提高数据管理团队的整体素质。

（5）持续监测和评估。企业需要建立数据管理持续监测和评估机制，及时发现和解决数据管理方面的问题，确保数据管理能力持续提高。

四、数据管理能力成熟度评估项目案例

以下是一个数据管理能力成熟度评估项目案例。

（一）项目背景

某大型商业银行近年来业务快速发展，数据量迅速增长，同时数据管理也面临越来越多的挑战。为了了解自身数据管理现状，帮助公司利用先进的数据管理理念和方法，评价自身数据管理能力，持续完善数据管理组织、程序和制度，充分发挥数据在促进企业向信息化、数字化、智能化发展方面的作用，提高数据管理水平和应用价值，该银行决定推行数据管理能力成熟度评估项目。

（二）评估目标和方法

评估目标是了解该银行数据管理能力的现状，识别存在的问题，提出改进建议，以提高数据质量和数据应用水平。

评估方法采用 DCMM 标准进行评估，包括数据战略、数据治理、数据架构、数据应用、数据安全、数据质量、数据标准、数据生命周期 8 个方面的数据管理域，28 个能力项和 445 个指标，如图 3–23 所示。

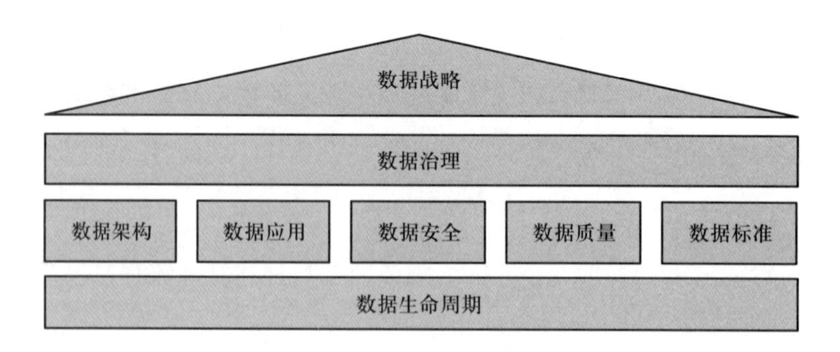

图 3–23　DCMM 标准评估

（三）评估的原则

为了客观、准确反映评估对象的数据管理能力，在整个评估过程中将遵守以下原则。

1. 独立性原则

独立性原则要求评估机构和评估人员应该依据 DCMM 的要求对被评估单位的数据管理水平独立做出评估结论，且不受外界干扰和评估单位的意图影响，保持独立公正；同时评估机构必须是独立的评估服务机构，评估人员必须与评估对象的利益涉及者没有任何利益关系。

2. 客观性原则

客观性原则要求评估结果应以充分的事实为依据。这就要求评估单位真实、准确地提供自身的资料，能够切实体现自身的管理现状，同时评估人员在评估过程中以公正、客观的态度收集有关数据与资料，严格按照 DCMM 标准的要求进行评价。

3. 公开性原则

公开性原则要求评估过程的所有关键文档都要按照要求在线归档，以供查询和审阅。在评估过程中要接受独立第三方的监管，确保评估过程公正、合理。

4. 专业性原则

专业性原则要求评估单位具有 DCMM 评估的实施资质，并且有不少于三人的中高级评估师，在评估过程中能够准确解释评估指标的意义，能够切实指导评估单位数据管理工作的开展，发现评估单位数据管理过程中存在的问题，并且撰写客观、准确的评估报告。

（四）评估过程描述

1. 准备阶段

明确定义数据管理能力的目标和范围。同时，了解组织的战略目标和现有的数据管理实践，以便将评估结果与目标进行对比。评估团队与银行数据管理部门进行了深入的交流和沟通，了解了银行的业务范围、数据管理现状和需求等。同时，评估团队还收集了银行相关数据和资料，包括数据管理制度、数据架构、数据质量、数据安全等方面的资料。

2. 评估实施阶段

评估团队采用问卷调查、访谈、观察等多种方法进行数据采集和分析。评估团队根据 DCMM 标准，从数据战略、数据应用、数据生命周期等各个方面对企业数据管理能力进行评估。评估过程中，评估团队还与银行的员工和领导层进行深入交流，了解银行数据管理的实际情况和员工的需求。

3. 评估报告制定阶段

评估团队根据评估结果和分析，编写了详细的评估报告。报告中包括银行的数据管理现状、存在的问题和差距、改进建议等。同时，评估团队还针对银行的实际情况和需求，提出了一些改进措施和建议，如优化数据治理结构、完善数据管理制度、提高数据质量等。

（五）评估结果分析

评估依据《数据管理能力成熟度评估模型》（GB/T 36073—2018）开展。数据管理能力成熟度评估模型可用英文 data management capability maturity assessment model 表示，简称 DCMM。经评估确认，各能力域得分为数据战略域 2.39 分、数据治理域 2.47 分、数据架构域 2.29 分、数据应用域 2.43 分、数据安全域 2.51 分、数据质量域 2.67 分、数据标准域 2.53 分、数据生命周期域 2.72 分，总体平均得分约为 2.50 分，达到稳健级水平。图 3–24 以雷达图的形式展现了 DCMM 标准 28 个能力项的等级分

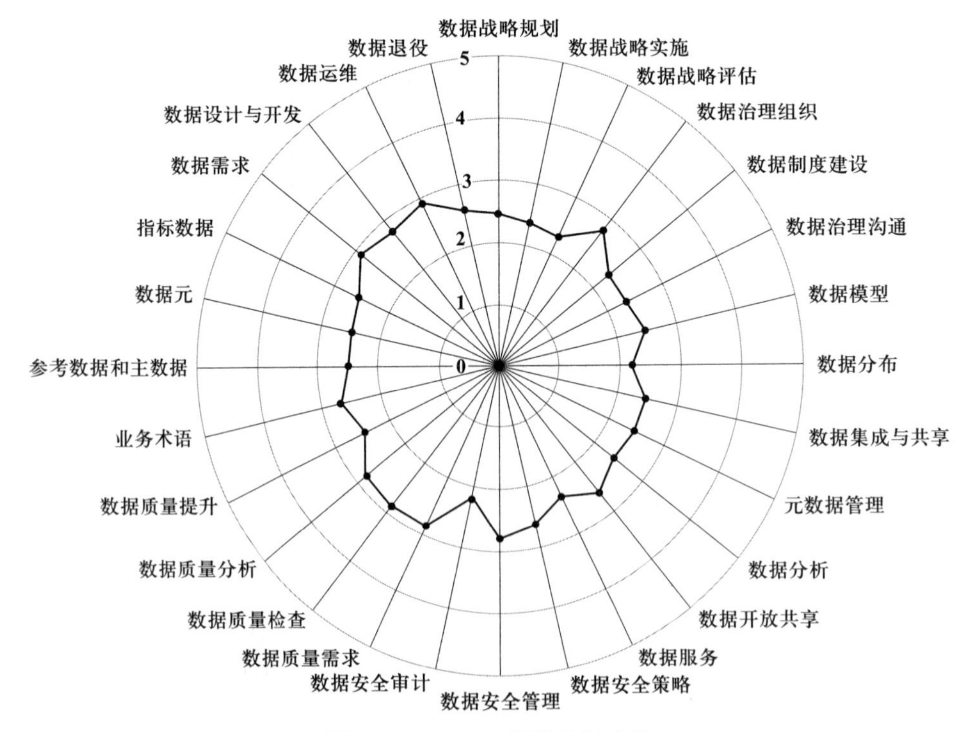

图 3–24　DCMM 评估结果分析

布，表明该银行在数据战略、数据治理、数据架构、数据应用、数据安全、数据质量、数据标准、数据生命周期等能力域均开展了相应工作，尤其在数据质量、数据生命周期方面具备较高的管理水平，在数据战略和数据架构方面仍有提升空间。

（六）详细评估结果

在详细评估结果这部分，用数据战略管理域进行示例，数据战略管理能力评估得分如图 3–25 所示。

1. 数据战略规划

（1）当前成就

1）制定能反映整个组织业务发展需求的数据战略。

2）制定数据战略的管理制度和流程，明确利益相关者的职责，规范数据战略的管理过程。

3）根据组织制定的数据战略提供了资源保障。

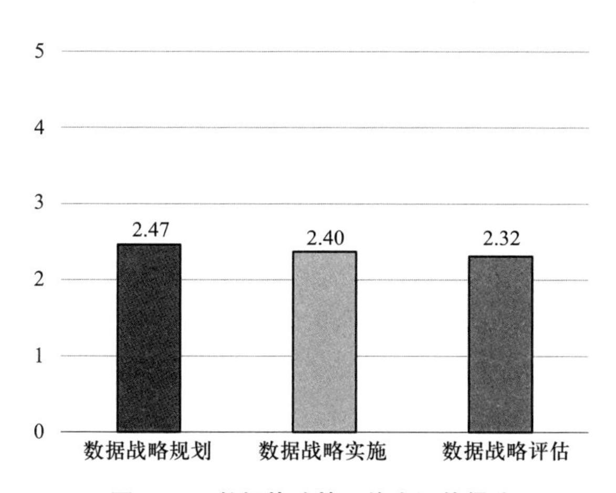

图 3–25　数据战略管理能力评估得分

4）编制数据战略的优化路线图，指导数据工作的开展。

（2）现有不足

1）尚未对组织数据战略的管理过程进行量化分析并及时优化。

2）尚未能量化分析数据战略路线图的落实情况，并持续优化数据战略。

（3）改进建议

1）通过构建数据战略评估模型对组织数据管理过程的历史数据进行量化分析，包括组织定位、产业和服务、领导能力、战略制定流程的效率等，不断优化数据战略的制定。

2）采用量化分析的方法衡量数据战略路线图的具体实施情况，以持续优化数据战略。

2. 数据战略实施

（1）当前成就

1）对数据职能任务，建立系统完整的评估准则。

2）在组织范围内全面评估实际情况，确定各项数据职能与愿景、目标的差距。

3）制定数据战略推进工作报告模板，并定期发布，使利益相关者了解数据战略实施的情况。

（2）现有不足

1）对各项数据管理任务的目标差距分析还不够明确。

2）尚未应用量化分析的方法对数据战略进展情况进行分析。

（3）改进建议

1）建议根据重点项目工作计划列出的各项重点工作，进行目标差距分析，列出现阶段不足之处，明确下一步重点补齐的工作。

2）构建数据管理成本评估量化方法，定期对数据战略进展情况进行动态评估，实现数据战略管理闭环，提高数据战略的有效性和准确性。

3. 数据战略评估

（1）当前成就

1）在数据职能领域内，根据业务需求构建业务场景模型，制定相关的管理办法。

2）在组织范围内，业务案例的制定能获得高层管理者、业务部门的支持。

3）在组织范围内，对战略实施任务进行管理并纳入评估范围。

（2）现有不足

1）尚未在组织范围内，通过成本收益准则进行项目优先级定义。

2）尚未构建专门的数据管理和数据应用 TCO 方法，衡量评估数据管理实施切入点的变化。

（3）改进建议

1）通过成本收益准则进行项目优先级定义，明确等级划分，确定项目的优先级排序。

2）构建专门的数据管理和应用的成本核算方法，用以量化分析数据战略的实施情况，指导下阶段数据战略计划、资金预算等。

（七）阶段性提升建议

该银行根据评估结果制定了阶段性提升方案。本处以数据战略、数据治理、数据架构和数据应用四个管理域为例进行说明。

1. 数据战略

（1）在数据战略规划方面

1）通过构建数据战略评估模型对组织数据管理过程的历史数据进行量化分析，包括组织定位、产业和服务、领导能力、战略制定流程的效率等，不断优化数据战略的制定。

2）采用量化分析的方法衡量数据战略路线图的具体实施情况，以持续优化数据战略。

（2）在数据战略实施方面

根据重点项目工作计划列出的各项重点工作，进行目标差距分析，列出现阶段不足之处，明确下一步重点补齐的工作。

（3）在数据战略评估方面

1）通过成本收益准则进行项目优先级定义，明确等级划分，确定项目的优先级排序。

2）构建专门的数据管理和应用的成本核算方法，用以量化分析数据战略的实施情况，指导下阶段数据战略计划、资金预算等。

2. 数据治理

（1）在数据治理组织方面。根据数据工作相关岗位人员的职业晋升路线图，从技术路线和管理路线两个维度设计数据工作相关岗位人员的职业规划路线。

（2）在数据制度建设方面。进行数据制度建设时，要参考行业最佳实践，并结合数据战略、业务发展的需要，推动数据战略的实施。同时，应采用量化分析的方法对数据制度的执行情况进行量化评估，包括数据制度的修订、宣贯、执行等方面，不断优化数据制度管理过程。

（3）在数据治理沟通方面。构建与外部组织的沟通机制，扩大沟通范围，保证内外沟通的规范性和有效性，促进数据在内外部的应用。

3. 数据架构

（1）在数据模型方面

1）建议建立组织级数据模型和系统应用级数据模型的同步更新机制，确保组织级数据模型和系统应用级数据模型的一致性。

2）建议根据外部监管的需求变化制定监管制度，通过不断学习外部更先进的数据模型，持续优化内部的组织级数据模型。

（2）在数据分布方面

1）通过开展量化分析数据的手段，明确相关数据在各系统中的分布关系是如何被自动梳理的，并挖掘数据的业务价值，使数据价值最大化。

2）定期对数据分布关系进行梳理，深入了解自身的行业特色，不断优化企业的平台和系统，提高平台运行效率。

（3）在数据集成与共享方面

1）需要采用行业或国家标准的交换规范，规范组织内外应用系统间的数据交换，通过规范化的数据集成和共享，提高平台集成与共享的能力。

2）采用新技术，定期对公司内部的数据进行集成和共享能力的优化，提高数据交换和集成、数据处理能力，提高工作效率。

（4）在元数据管理方面

1）建议与外部组织实现元数据采集、共享、交换和应用，并与外部组织探讨元模型的设计和开发。

2）建议从元数据的有效性、规范性，元数据存储库的完整性等多维度衡量元模型，可以为系统元数据功能配置评估参数，便于衡量元数据的量化指标。

4. 数据应用

（1）在数据分析方面

1）编制数据分析应用管理办法，明确数据分析应用管理职责和流程，指导各部门

开展数据分析应用建设。

2）通过对各种分析结果进行汇总，将量化评价分析制度化，对公司整体业务进行定期分析并考核结果，实现数据应用量化分析。

3）根据业务需求建立常用数据分析模型库，如逻辑树、用户行为模型等，以便于业务人员快速对数据进行探索和分析，提高工作效率。

（2）在数据开放共享方面

1）制定数据开放共享策略，对数据开放共享过程中的安全、质量、组织和流程等内容进行制度化规范，用以指导组织的数据开放和共享，定期评审开放数据的安全、质量，消除相关风险。

2）及时了解对外开放共享数据的利用情况，了解外部用户的需求，根据需求在可允许范围内进行改进，并根据用户的反馈情况采取数据开放共享措施。

（3）在数据服务方面

1）加强对外部市场需求的探索能力，尤其是为客户主动提供数据服务，探索创新数据服务模式，利用数据信息提升客户服务价值。

2）定期对数据服务进行量化评估考核，对不足的地方进行改进，确保能够量化投入产出比，通过数据服务提升组织竞争力，实现数据价值最大化。

3）与外部合作方进行深入合作、数据共享，探索更多潜在客户，根据客户需求开发更契合市场的数据服务平台或系统，形成数据服务产业链。

思考题

1. 简述数据治理的目的，并描述数据治理和数据管理的区别。

2. 什么是网络式运营管理模式？

3. 简要说明组织进行数据标准管理的驱动因素有哪些。

4. 简要说明国内外大数据标准的区别。

5. 简要说明什么是参考数据，什么是主数据，它们的区别是什么。

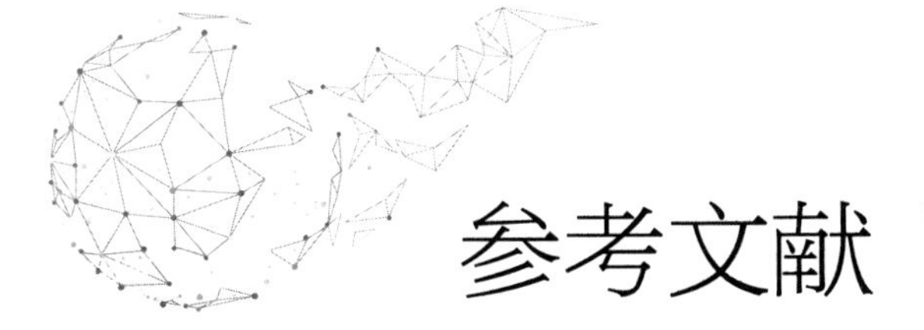

参考文献

［1］罗宾斯，库尔特．管理学［M］．刘刚，程熙镕，梁晗，译．北京：中国人民大学出版社，2017.

［2］DAMA 国际 .DAMA 数据管理知识体系指南［M］．DAMA 中国分会翻译组，译．北京：机械工业出版社，2020.

［3］塞巴斯蒂安－科尔曼．穿越数据的迷宫：数据管理执行指南［M］．汪广盛，等译．北京：机械工业出版社，2020.

［4］塞巴斯蒂安－科尔曼．数据质量测量的持续改进［M］．卢涛，李颖，译．北京：机械工业出版社，2016.

［5］张绍华，潘蓉，宗宇伟．大数据治理与服务［M］．上海：上海科学技术出版社，2016.

［6］杜小勇，陈跃国，范举，等．数据整理——大数据治理的关键技术［J］．大数据，2019，5（3）：13–22.

［7］陈炜．基于网络的数据库审计和风险控制研究［D］．武汉：武汉理工大学，2013.

［8］用友平台与数据智能团队．一本书讲透数据治理［M］．北京：机械工业出版社，2021.

［9］王会金，刘国城．大数据时代电子政务云安全审计策略构建研究［J］．审计与经济研究，2021（4）．

［10］罗婷婷，赵瑞雪，李娇，等．面向多源异构科技信息治理的元数据标准规范体系构建［J］．数字图书馆论坛，2021（4）．

后 记

数据时代的到来给大数据技术带来了越来越多的关注。“大数据”三个字不仅代表字面意义上的大量非结构化和半结构化的数据，更是一种崭新的视角，即用数据化思维和先进的数据处理技术探索海量数据之间的关系，将事物的本质以数据的视角呈现在人们眼前。

随着数字经济在全球加速推进以及5G、人工智能、物联网等相关技术的快速发展，数据已成为影响全球竞争的关键战略性资源。我国对大数据产业的发展尤为重视，2013年至今，国家相关部委共发布20多份与大数据相关的文件，鼓励大数据产业发展。大数据逐渐成为各级政府关注的热点。

大数据产业之所以被各地政府所重视，是因为它是以数据及数据所蕴含的信息价值为核心生产要素，通过数据技术、数据产品、数据服务等形式，使数据与信息价值在各行业经济活动中得到充分释放的赋能型产业，其适合与各种行业融合，作为各种基础产业的助推器。大数据已不再仅仅是一种理论或视角，而是深入每一个需要数据、利用数据的场景中去发挥价值、挖掘价值的实用工具。

我国的大数据产业正处于蓬勃发展的阶段，需要大量的专业人才为产业提供支撑。以《人力资源社会保障部办公厅 市场监管总局办公厅 统计局办公室关于发布人工智能工程技术人员等职业信息的通知》（人社厅发〔2019〕48号）为依据，在充分考虑科技进步、社会经济发展和产业结构变化对大数据工程技术人员专业要求的基础上，以客观反映大数据技术发展水平及其对从业人员的专业能力要求为目标，根据《大数据工程技术人员国家职业技术技能标准（2021年版）》（以下简称《标准》）对大数据工程技术人员的专业活动内容进行规范细致描述，明确各等级专业技术人员的工作领域、工作内容以及知识水平、专业能力和实践要求，人力资源社会保障部专业技术人员管理司指导工业和信息化部教育与考试中心组织有关专家开展了大数据工程技术人员培训教程的编写工作。

本系列教程是开展大数据工程技术人员职业技术技能培训的参考用书，读者也可基于教程自学并强化《标准》中要求大数据工程技术人员掌握的知识与技能。根据《标准》定义，大数据工程技术人员面向三个岗位群方向：从事数据采集清洗、ETL等工作的大数据处理岗位群，从事数据分析挖掘以及数据展示的大数据分析岗位群，还有从事数据运维、安全管理方面的大数据管理岗位群。区分不同方向，一方面有利于对岗位群所需的知识技能素质建立模型，从而开展科学的、具有针对性的人才培养；另一方面有利于不同地区各层级高校作为人才培养的实施方，根据当地产业情况的方向有针对性地开展培养工作。

为了使广大专业技术人员和相关技术领域的企事业单位管理人员能够更好地了解大数据工程技术人员需掌握的基本知识与关键技能，将其理解并运用到各个领域的大数据工程与项目中，帮助有梦想、有热情、有能力的专业技术人员或相关专业的高校毕业生对大数据工程技术这一领域有充分认知，能选择并投身大数据工程技术领域从事专业技术工作，我们在深入研究大数据工程技术领域涉及的理论、技术、工具的基础上，按照《标准》要求，对本系列教程进行了规划。

本系列教程设有三个等级，分别为初级、中级、高级，对应《标准》中的专业技术等级，其内容所涵盖的知识与能力要求依次递进。

大数据工程技术人员中级培训教程包含《大数据工程技术人员（中级）——大数据处理》《大数据工程技术人员（中级）——大数据分析》《大数据工程技术人员（中级）——大数据管理》，共3本。本教程内容涵盖了本职业方向中应具备的专业能力和相关知识要求。

本教程读者为大学专科学历（或高等职业学校毕业）以上，具有较强的学习能力、计算能力、表达能力及分析、推理和判断能力，参加全国专业技术人员新职业培训的人员。

大数据工程技术人员需按照《标准》的职业要求参加有关课程培训，完成规定学时，取得学时证明。初级 128 标准学时，中级 128 标准学时，高级 160 标准学时。

本教程编写过程中，得到了人力资源社会保障部、工业和信息化部相关部门的正确领导，得到了吕绪祥、刘琳密、游克华、牛清娜、陈哲、王开宇、隋天举等一些来自高校、科研院所、企业的专家学者的大力帮助和指导，同时参考了多方面的文献，吸收了许多专家学者的研究成果，在此表示由衷感谢。

由于编者水平、经验与时间所限，本书的不足与疏漏之处在所难免，恳请广大读者批评与指正。

本书编委会